亦真亦幻的

恐龙秘密

U0353559

时代出版传媒股份有限公司
安徽科学技术出版社

图书在版编目（CIP）数据

亦真亦幻的恐龙秘密/张哲编. —合肥：安徽科学技术
出版社，2012.11
（最令学生着迷的百科全景）
ISBN 978-7-5337-5512-6

Ⅰ.①亦… Ⅱ.①张… Ⅲ.①恐龙－青年读物②恐龙
－少年读物 Ⅳ.①Q915.864-49

中国版本图书馆 CIP 数据核字（2012）第 050300 号

亦真亦幻的恐龙秘密　　　　　　　　　　　　　　　　　张哲　编

出　版　人：黄和平　　　　责任编辑：张　硕　　　　封面设计：李　婷
出版发行：时代出版传媒股份有限公司　　http://www.press-mart.com
　　　　　安徽科学技术出版社　　　　　　http://www.ahstp.net
　　　　　（合肥市政务文化新区翡翠路 1118 号出版传媒广场，邮编：230071）
印　　制：合肥杏花印务股份有限公司

开本：720×1000　1/16　　　印张：10　　　　字数：200 千
版次：2012 年 11 月第 1 版　　印次：2023 年 1 月第 2 次印刷

ISBN 978-7-5337-5512-6　　　　　　　　　　　　定价：45.00 元

前言

在大约 2 亿年前的中生代时期，地球上的气候温暖湿润，陆地上到处都是郁郁葱葱的植物，以恐龙为代表的爬行动物发展到了顶峰，地球成为一群史前巨兽的乐园。飞龙、翼龙自在地飞翔于空中；蛇颈龙、鱼龙欢畅地游弋于海洋；雷龙、剑龙、甲龙和霸王龙则威武地在林间散步。

可是，这样一个庞大的家族，却在 6 500 万年前神秘地消失了。恐龙为什么会一下子就消失了，这是一个未解之谜，很多年来人们纷纷猜测，但一直没有一个肯定的答案。所幸的是有些死去的恐龙并没有完全消失，它们的骨骼变成了化石被大自然保留了下来，使今天的我们知道，这些巨大的爬行动物曾经有一段非常光辉灿烂的历史。

在人类出现以前，曾经有众多生物在地球上产生继而消亡，恐龙则是这些生物中最负盛名的一类，它们统治了地球约 1.5 亿年之久，是目前人类在地球上生存时间的 150 倍呢！它们的世界当然充满传奇色彩。让我们一起走进恐龙的世界，去探索它们的秘密。

CONTENTS

目录

CONTENTS

追踪三叠纪

亦真亦幻的

恐龙秘密

亦真亦幻的 恐龙秘密

CONTENTS

侏罗纪公园

CONTENTS

探秘白垩纪

亦真亦幻的 恐龙秘密

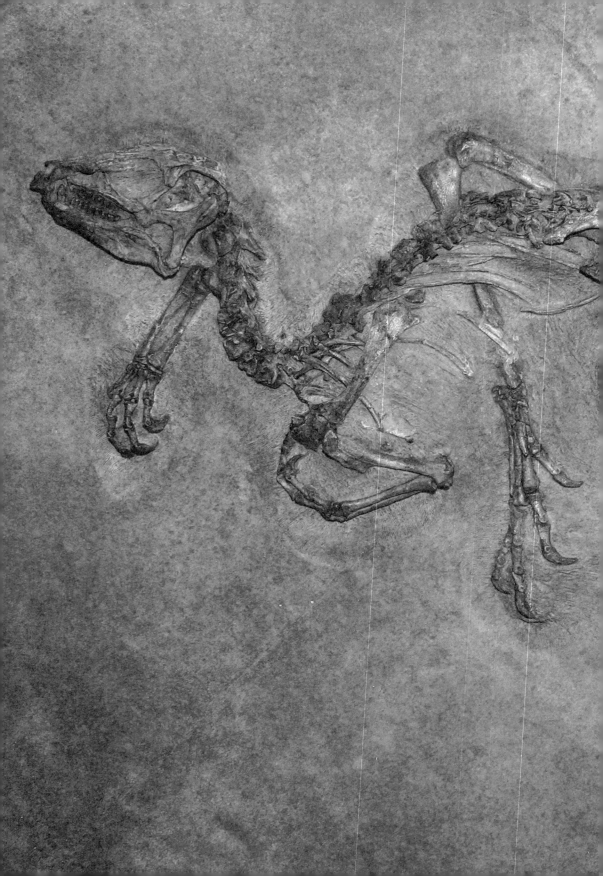

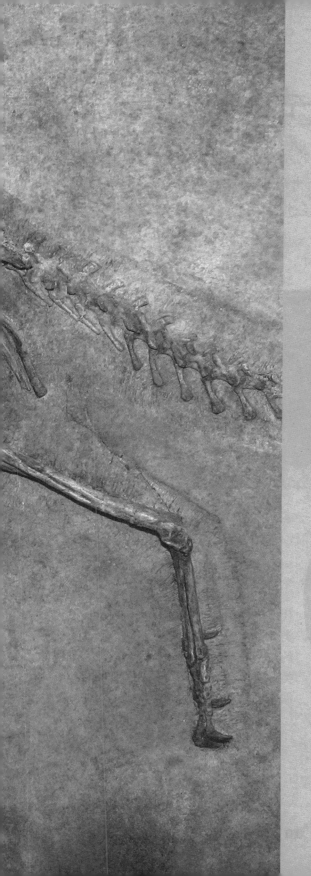

史前霸主的辉煌

地球从诞生，至今已经度过了46亿年的漫长时光，如果把地球的历史缩短为一个小时，那么地球上的动物在最后15分钟才会出现，而人类出现得更晚。在所有的史前动物中，恐龙无疑是最引人注目的一类。它们在地球上生活了至少1.6亿年，在其生存的整个地质历史时期，它们几乎主宰了世界，是当之无愧的史前霸主。

沧海桑田——古生物的历史变迁

如今，地球上生活着各种各样的动物和植物，已经被确认的大约有300万种，然而曾在地球上出现过而最终灭绝了的生物则远远超过这个数目。30亿年来，生物经过了不断演化，才形成今天千姿百态、种属繁多的生物界。

生命的起源

在距今约35亿年前，地球上的原始大气在紫外线、闪电、高温的作用下合成蛋白质、核酸等有机物质，然后再经过进一步演化，最终产生了最原始的生命，地球的历史开始进入生物进化的阶段。

初生的地球

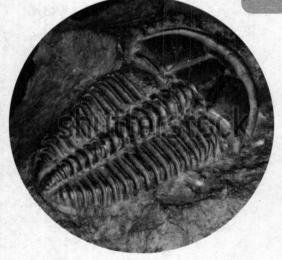

三叶虫化石

藻类和无脊椎动物时代

25.00亿～4.35亿年前，藻类是元古代海洋中的主要生物。到寒武纪时，各门类无脊椎动物大量涌现，以三叶虫为最多，约占当时动物界的60%。奥陶纪时，各门类无脊椎动物已发展齐全，海洋呈现出一派生机勃勃的景象。

裸蕨植物和鱼类时代

在距今 4.35 亿 ~ 3.55 亿年前，地质史上称志留纪和泥盆纪。这段时期，绿藻登陆大地，进化为裸蕨植物，无脊椎动物进化为脊椎动物。志留纪时出现的无颌甲胄鱼类，是原始脊椎动物的最早成员之一，但不是真正的鱼类，志留纪末期出现的盾皮鱼类和棘鱼类才是真正的鱼类。

蕨类植物和两栖动物时代

在距今 3.55 亿 ~ 2.50 亿年前的石炭纪和二叠纪时期，裸蕨植物已绝灭了，取而代之的是石松类、楔叶类、真蕨类和种子蕨类等植物，它们生长茂盛，形成壮观的森林。此时的昆虫种类已有几万种，两栖类动物也出现了。到二叠纪末期，两栖类逐渐进化为原始爬行动物。

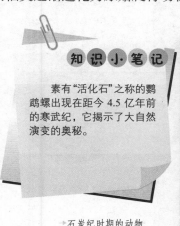

知识·小·笔记

素有"活化石"之称的鹦鹉螺出现在距今 4.5 亿年前的寒武纪，它揭示了大自然演变的奥秘。

→石炭纪时期的动物

恐龙时代的来临——三叠纪

在 距今 2.50 亿 ~ 6 500 万年前，生物史称为中生代，包括了地质史的三叠纪、侏罗纪和白垩纪，其中三叠纪始于距今 2.5 亿年前，延续了约 5 000 万年。三叠纪时，脊椎动物得到了进一步的发展，其中，槽齿类爬行动物出现，并从它发展出最早的恐龙。

气候条件

三叠纪时期，地球的两极没有陆地或冰川，靠近海洋的地方比较湿润而草木茂盛，但是由于陆地的面积十分广阔，使带湿气的海风无法进入内陆地区，大陆中部便形成了一个很大的沙漠，所以陆地上的气候相当干燥。

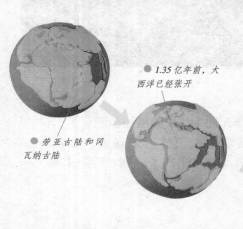

● 劳亚古陆和冈瓦纳古陆

● 1.35 亿年前，大西洋已经张开

知识小笔记

世界上最早的乌龟——原颚龟也出现在三叠纪晚期。

● 1 000 万年前，大西洋扩大了许多，地球上的几大洲初步形成

● 大约在 1.8 亿年前，联合古陆开始分裂

泛古陆

三叠纪时期的地球只有一块大陆，这块大陆被称为泛古陆，大致位于现在非洲所在的位置。泛古陆分为北边的劳亚古陆和南边的冈瓦纳古陆。劳亚古陆包括了今天的北美洲、欧洲和亚洲的大部分地区，冈瓦纳古陆则包括了现在的非洲、大洋洲、南极洲、南美洲以及亚洲的印度等部分地区。

植物分布

　　三叠纪时期，在广阔又炎热的劳亚古陆上，分布着银杏、种子蕨类、苏铁及拟苏铁类等耐旱的植物；而舌羊齿则是冈瓦纳古陆上最主要的树木。到了三叠纪后期，苏铁类和松柏类等原始针叶植物最终取代了蕨类植物，成为地球上最常见的树木。

恐龙出现

　　到三叠纪中期时，早期恐龙作为优秀的掠食者而出现。海洋中除了无脊椎动物及鱼类以外，爬行类也进入海洋。三叠纪晚期，恐龙已经成为了种类繁多的一个类群，在生态系统中占据了重要地位。因此，三叠纪也被称为"恐龙时代前的黎明"。

三叠纪时期的地球上生活着许多种昆虫，但是它们和现代昆虫的差距很大，例如图中的这只蜻蜓，它的体积比现代蜻蜓大很多。

动物多样化

　　这一时期，陆地上的各类节肢动物开始多样化，蜘蛛、蝎子、马陆、蜈蚣等古老物种重新繁盛，各类新品种的昆虫也开始出现，占据了天空，从此一直绵延至今。似哺乳的爬行类也多了起来，但又逐渐被新的"祖龙类"取代，这是翼龙、鳄与恐龙的祖先。

飘忽不定——侏罗纪

侏罗纪属于中生代中期,距今 2.00 亿~ 1.46 亿年。这一时期,地球上单一的大陆分裂为两块,植物和气候变得更加多样,恐龙家族呈现空前的繁荣,在超过 5 000 万年的时间内,它们发展成为素食性和肉食性恐龙,在地球上构成一幅千姿百态的巨兽世界。

气候状况

这时候全球各地的气候都很温暖,海洋产生湿润的风,为内陆沙漠带来了降雨,因此,植被区域延伸到以前的不毛之地。地球上的气候比现在温暖、均衡,但也存在热带、亚热带和温带的区别。

植物分布

侏罗纪早期,地球上单一的大陆分裂为两块。植物群落中,裸子植物中的苏铁类、松柏类和银杏类极其繁盛,它们和蕨类植物中的木贼类、真蕨类共同组成茂盛的森林,为数量众多的恐龙提供了所需的食物。

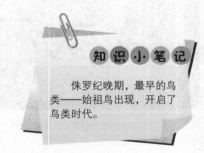

知 识 小 笔 记

侏罗纪晚期,最早的鸟类——始祖鸟出现,开启了鸟类时代。

▽ 侏罗纪时期的恐龙家族呈现空前繁荣。

巨大的怪兽

此时，最吸引人的动物自然是巨大的蜥脚类恐龙，侏罗纪晚期，蜥脚类恐龙达到全盛，成为地球陆地上出现过的最巨大的动物。在大约 1.46 亿年前，侏罗纪结束时，蜥脚类恐龙大大衰落，在它们灭绝后，陆地上再也没有出现过这样巨大的动物。

侏罗纪时期的蜥脚类恐龙——梁龙

恐龙的进化

这一时期，恐龙进化成为两个截然不同的类群，即蜥臀类和鸟臀类。它们的区别就在于髋部结构，蜥臀类髋部的耻骨指向下方，鸟臀类的耻骨指向后方。

鸟脚类恐龙是鸟臀类恐龙中最早分化出来的类群。它们到侏罗纪晚期时已经发展成为一个大家庭，遍布世界各地。弯龙就是这个家族中的一员。

始祖鸟出现

侏罗纪晚期，最早的鸟类——始祖鸟出现，开启了鸟类时代。恐龙时代的鸟类化石稀少，但始祖鸟显示出许多肉食性恐龙的特征，因而大多数科学家认为它是由恐龙进化而来的。

恐龙帝国的末日——白垩纪

白垩纪是中生代最后一个时期，从 1.46 亿年前起大约持续了 8 000 万年。这一时期，恐龙仍然繁盛，并演化出许多种类。但到白垩纪末期，由于环境的突变，所有恐龙以及鱼龙和翼龙全都灭绝了，称雄一时的爬行动物至此一蹶不振，退出了历史舞台。

地理特征

在白垩纪，泛古陆完全分裂成现在的各大陆，但是它们和现在的位置不全相同。这些板块运动，形成大量的海底山脉，进而造成全球性的海平面上升，这为恐龙分化得更加多姿多彩创造了特殊的环境。

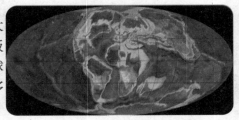

白垩纪时期，地球上的大陆分布状况。

植物的演变

白垩纪早期，裸子植物依然繁茂，高大的乔木和矮小的苏铁类组成广阔的森林。同时，出现了双子叶与单子叶的被子植物。白垩纪晚期，被子植物迅速兴盛，代替了裸子植物而占据优势，形成延续到现今的被子植物时代，如木兰、柳、枫、白杨、桦、棕榈等遍布地表。

恐龙的发展

白垩纪时期，陆地上的优势动物仍然是爬行动物，尤其是恐龙，它们较之前一个时期更为多样化。但鸭嘴龙、甲龙和角龙在白垩纪晚期才发展迅速，特别是角龙，虽然白垩纪晚期才在地球上出现，却在很短的时间内就进化出了丰富的种类。

孔子鸟的化石

鸟类的进化

鸟类是脊椎动物向空中发展取得最大成功的类群。白垩纪早期，鸟类开始分化，并且飞行能力及树栖能力比始祖鸟大大提高。我国古生物学家发现的著名的"孔子鸟"就是白垩纪早期鸟类的代表。

哺乳的演化

在白垩纪，哺乳动物也演化出许多类群，但在这个时候，它们还没有占据统治地位，等恐龙灭绝以后，哺乳类动物才获得了较快的演化。

白垩纪恐龙种类更为多样化

最有价值的"遗产"——恐龙公墓

恐世界的一些地方，发现了大量恐龙遗骸集中埋在一处的现象，这就是"恐龙公墓"。恐龙公墓是一种自然现象，往往是恐龙生前突然遭遇某些自然灾难而被迅速埋葬形成的。恐龙公墓是恐龙时代留给今天的最有价值的自然遗产之一。

比利时伯尼萨特禽龙墓

1877～1878年间，在比利时伯尼萨特的一个煤矿中，矿工在地层深处挖掘坑道时，发现了39只禽龙的化石，其中有许多骨架保存得相当完整。据科学家推测，这里曾经是一个峡谷，生活在附近的禽龙有时会被突发的山洪冲下深谷摔死并被沉积物掩盖，然后变成化石。

加拿大艾伯塔尖角龙群葬墓

加拿大艾伯塔尖角龙群葬墓

一些古生物学家分析，想象出了加拿大艾伯塔恐龙公墓形成的过程：一大群尖角龙过河时突遇山洪暴发，河水水位猛涨，许多弱者被淹死在河中，很快被泥沙掩盖，千百万年后变成了化石。

知识·小·笔记

恐龙公墓中的恐龙因尸骨埋得快，大量不同品种的恐龙会保持死亡瞬间的状态，所以墓中常保存有非常完整和比较完整的化石骨架。

再现辉煌——恐龙博物馆

我们大多数人都是通过博物馆里的展览和电影、电视中的镜头来认识恐龙的。在世界上很多著名的自然历史博物馆中,恐龙总是占据显赫的位置。而且,有些恐龙博物馆本身就建造在恐龙的发掘现场,使参观者更有一种身临其境之感。

自贡恐龙博物馆

自贡恐龙博物馆位于四川盆地南部的自贡市,近几十年来,恐龙化石从这里大量出土,使得自贡市成了中国乃至世界的"恐龙之乡"。1982 年 12 月,政府批准在大山铺恐龙化石埋藏现场修建恐龙博物馆。今天的人们可以在这个别具一格的场地,看到宏伟壮观的化石现场。

↑ 自贡恐龙博物馆展出的恐龙化石

知识·小·笔记

位于伦敦的英国自然历史博物馆是欧洲大陆首屈一指的恐龙博物馆。

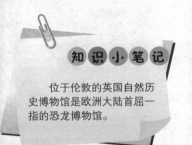

美国自然历史博物馆

位于纽约的美国自然历史博物馆与华盛顿特区的国家自然历史博物馆一起,并称美国最权威的恐龙博物馆。这两个馆内陈列着众多美国各地出土的恐龙化石,霸王龙化石、梁龙化石、三角龙化石、异特龙化石等都是真正的化石标本。

↑ 美国自然历史博物馆外景

恐龙家族揭秘

恐龙是中生代最活跃、最繁盛的爬行动物，它们拥有非常庞大的家族。恐龙的种类不同，体形和习性相差也大。大一些的比几十头大象加起来还要大；小的，却跟一只鸡差不多大。就食性来说，既有温顺的素食者，也有凶暴的肉食者……而所有这些关于恐龙的秘密都是科学家通过研究恐龙化石而获得的。

"恐怖的蜥蜴"——"恐龙"的来历

虽然恐龙化石已经在地球上存在了数千万年，但直到 19 世纪，人们才知道地球上曾经有这么奇特的动物存在过。第一个发现恐龙化石的是一位名叫吉迪昂·曼特尔的英国医师，而创立"恐龙"这一名词的是英国古生物学家理查德·欧文。

曼特尔和他的妻子

最初的发现

1822 年，英国的吉迪昂·曼特尔医师的妻子在一些岩石中发现了一些类似动物牙齿的奇怪石头。曼特尔将这些化石送给当时的法国古生物学家居维叶进行鉴定。居维叶鉴定认为牙齿是犀牛的，而骨骼是河马的，年代也不太古老。

曼特尔的研究

曼特尔对动物的牙齿十分熟悉，所以他并不认同居维叶的观点。于是，曼特尔收集了更多的化石进行研究，最终，他认为自己所发现的牙齿化石，属于一种古代已经绝灭的爬行动物。

曼特尔于 1822 年发现的恐龙牙齿化石

欧文的发现

后来，这种动物化石又陆续有所发现。1841 年，英国古生物学家理查德·欧文对当时已发现的 9 种大型古代爬行动物的化石做了总结性的研究，他独具慧眼地发现这些动物不仅体型巨大，而且肢体和脚爪有些像大象一样的厚皮哺乳动物，与其他爬行动物的情形不同。

生物学家理查德·欧文和他的恐龙化石

知识·小·笔记

1884 年，理查德·欧文退休时被晋封为巴斯勋位爵士。他退休之后在伦敦大英博物馆任职，一直致力于将博物馆向普通群众开放。

巨大的成就

理查德·欧文还是英国著名的动物学家。1846 ~ 1854 年，他相继发表了《英国化石哺乳动物和鸟类的历史》《英国化石爬行动物的历史》等书。1854 年，欧文还在伦敦的水晶宫里复制出第一批等大的恐龙模型，向广大群众普及古生物知识，引起人们的 强烈兴趣。

"恐龙"的诞生

发现这些化石的特点后，欧文决定给这种古生物取一个名字，以便与其他类似动物相区别。他把希腊字 Dinos 和 Sauros 组合起来，于是"恐怖的蜥蜴"一词便随之诞生了。由于这类动物形状像蜥蜴，体型都很庞大，令人恐怖，我国古生物学家把它译成"恐龙"。

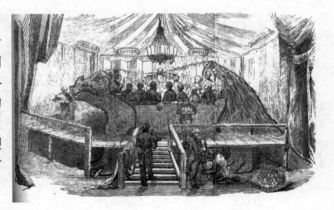

1853 年，理查·欧文等人将禽龙复原后，在这里举行了新年宴会。

探秘中生代——什么是恐龙

恐龙是一群生活在中生代的霸主，它们拥有一个非常庞大的家族，并且统治地球约 1.5 亿年之久，当时，所有的动物都无法与它们对抗。古生物学家通过对恐龙化石的研究，将其分为蜥臀类和鸟臀类。

从早侏罗纪到晚白垩纪，恐龙家族适应环境因而发展迅速，种群数目增加，由此得以支配地球生态系统。

🦕 自然环境

当时，地球的气候温暖湿润，遍地都是茂密的森林，森林里居住着各种各样的动物，所以，不论是吃植物还是吃动物的恐龙，都有享受不尽的美食。

🦕 恐龙的体型

因为有了良好的生活环境，恐龙们一般都长得巨大无比。据推测，最大的恐龙有 30 米长，体重达 50 吨，就是用现在的公共汽车也拉不动它们。当然，也有小一些的恐龙，像细颚龙全长才 70 厘米，重 3 千克，跟我们见到的鸡差不多大。

知识小笔记

兽脚类恐龙都是肉食性恐龙，霸王龙是其著名代表。鸟脚类恐龙是鸟臀类中、甚至整个恐龙大类中化石最多的一个类群。

恐龙的习性

　　恐龙属脊椎动物爬虫类，脑袋要比身躯小得多，它们的眼睛长在脑袋的两侧，嘴巴伸得长长的，在庞大的身躯上还连接着四条腿和一个尾巴。有的以两条腿走路，有的以四条腿走路；有的吃植物，有的吃动物。所有的恐龙都将蛋产在陆地上。

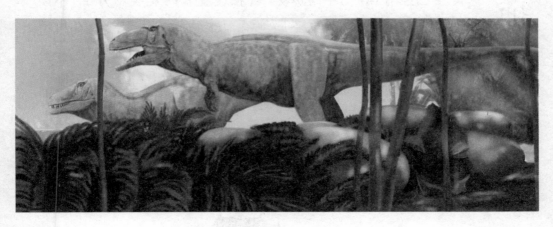

分类

　　蜥臀类恐龙又分为：古脚类、蜥脚类和兽脚类。鸟臀类恐龙分为：鸟脚类、剑龙类、甲龙类、角龙类和肿头龙类。古脚类是小型至中型恐龙，它们身体较粗壮，我国云南发现的著名的禄丰龙就属于古脚类恐龙。

未解之谜——恐龙的起源

地球诞生已经有 46 亿年的历史了,在这漫长的发展岁月里,不断地有新生物演化出来,也不断地有旧生物被淘汰出局。在所有的这些生物中,恐龙无疑是最令人关注的。而关于恐龙的起源也一直是一个未解之谜。

槽齿类动物

槽齿类动物诞生于古生代的二叠纪末期,到了中生代的三叠纪早期就灭绝了。由于它们的牙齿长在颌骨的齿槽里,所以得名槽齿类。早期,槽齿类动物多为一些小型的肉食动物,体长约 1 米,长着三角形的头,吻端尖而长,前肢短后肢长,身体结构轻巧。

二叠纪时期的异齿兽。在它们生存的时代里,异齿龙是顶尖的大型猎食者,身长达 3 米。

不断演化

槽齿类动物中较为活跃的一部分成为当时具有竞争力的动物群体,它们在不断进化过程中演化出了恐龙、翼龙以及鳄类等爬行动物,其中,鳄类的后裔至今还存活在地球上。

杨氏鳄

在槽齿类动物进化为恐龙这一观点之前，还有一种观点认为，恐龙及现生爬行动物的共同祖先是像蜥蜴一样的小型动物，名叫"杨氏鳄"，约 30 厘米长，走起路来摇摇晃晃，靠捕捉虫子为生。

▲ 初龙复原图

演化分支

杨氏鳄的后代明显分出两支，一支是继续吃虫子的真正的蜥蜴，另一支是半水生的早期类型的初龙，初龙与恐龙有较为可靠的亲缘关系。

恐龙的出现

不过，早期的初龙类动物身体条件尚不完善，不太适应陆地生活，其大部分时间还是生活在水中，以免受到别的动物的惊扰。一旦身体结构更加完善，真正的恐龙便出现了。这类新的、富有生气的动物在陆地上向似哺乳动物发起了进攻。

知识小笔记

早期的初龙类动物身体条件尚不完善，不太适应陆地生活，其大部分时间还是生活在水中，以免受到别的动物的惊扰。

▲ 翼龙是最早飞上天空的爬行动物，也是最早飞上天空的脊椎动物。

初龙的牙齿已经开始进化

惊天巨变——恐龙的进化

每 一种生物为了自身的生存都会不断随着环境而改变自己,恐龙也一样。在这个漫长的进化过程中,恐龙家族演化出了不同的分支,形成了庞大的恐龙王国。

←南十字龙

←黑瑞龙

→盐都龙

骨质保护层退化

目前已知的最早的恐龙,除了埃雷拉龙和始盗龙以外,还有一种叫做鸟鳄龙的恐龙。它是大型肉食恐龙的祖先,它的子孙在起初的进化上除了体型增大外,还渐渐出现了类似蜥蜴的坚硬鳞片,以取代骨质保护层。

知识小笔记

科学家研究发现,恐龙实际上包括两类很不相同的古代爬行动物,这两类恐龙的亲缘关系,甚至还不如蜥蜴和蛇亲密。

→盾甲龙

爪子的变化

一些小型的肉食恐龙往往具有更强的攻击性,它们的牙齿尖利,尾巴细长,后肢长且纤细,前肢上生着灵巧的爪子,可以有力地抓捕猎物。在漫长的进化过程中,小型肉食恐龙一直保持着较长的爪子,而大型肉食恐龙的长爪子随同前肢的减小而逐渐变短。

蜥脚类恐龙

派克鳄是槽齿类动物中最著名的代表，蜥脚类恐龙就是派克鳄的祖先演化而来。最早的恐龙都是肉食恐龙，而素食恐龙的出现可能是因为它们的祖先在吃别的动物的时候还吃一些植物来弥补食物不足，由杂食最后慢慢转变为纯粹的素食恐龙。

▲ 派克鳄复原图

恐龙演化的高峰期

侏罗纪也成了恐龙演化的高峰期，多数恐龙都有巨型化的发展趋势，尤其以蜥脚类恐龙的发展最具特色。它们由三叠纪两足或四足行走的恐龙演化而来，又为了承受不断增加的体重而被迫回归到四足行走，随着时间的推移，它们的体型更加巨大，直到最后成为地球上体型最庞大的爬行动物。

▼ 侏罗纪是恐龙发展的巅峰时期

温馨的家——恐龙的栖息地

恐 龙是地球上出现过的最大的陆地霸主,它们的生存环境和栖息地也有着令人难以想象的特点。无论是平原、山地还是沼泽、森林,都可能是它们理想的栖息地。

在高大乔木的庇护下,素食性恐龙自在地徜徉于森林中,这里不仅有充足的食物,还有足够的水源。

蜥脚类恐龙的家

蜥脚类恐龙的家园在辽阔的冲积平原上那些茂密的森林中,高大的乔木给它们提供着充足的食物。它们健壮的四肢足以撑起庞大的身躯,脚掌上厚厚的肉垫让它们完全可以适应坚实的地面。

平原上的家

　　兽脚类恐龙也生活在冲积平原上，因为这里生活着数量庞大的素食恐龙，这些素食恐龙就是兽脚类恐龙最好的食物。而有些体型较小的兽脚类恐龙逐渐成为杂食恐龙。它们不仅可以吃肉，也可以取植物为食。因此，它们喜欢栖息在相对安定的高地。由杂食最后慢慢转变为纯粹的素食恐龙。

知识·小·笔记

　　由于恐龙的栖息地往往具有非常繁盛的植被，所以在恐龙化石大量发现的地方有时会发现大量的石油、煤炭和天然气。

沼泽地带的家

　　鸟脚类恐龙也有很多生存在陆地上，它们中还有一些非常善于奔跑的种类。而鸟脚类中的鸭嘴龙类是直到白垩纪才出现的优势种群，主要生活在沼泽地带。虽然它们善于在水中生活，但是多数时间都是在陆地上度过的。

● 翼龙翼龙并不能像鸟类那样自由地、长距离地翱翔于蓝天，它们通常把家安在海边、湖边或湖边的树林中，有时将巢建在海边的悬崖上。

住在山坡上的恐龙

　　山坡上也居住着一些恐龙家族的成员，剑龙就是其中之一。它们喜欢在山坡的丛林中漫步，在干旱的季节，它们又会迁徙到靠近河湖或者海岸的沼泽地带。

生存的需要——恐龙的迁徙

迁 徙是指动物在自然条件发生变化，或者为满足自己生殖发育的需要，时而变化栖居地的习性。科学家经过研究证明，恐龙像很多当今的动物一样，会随着季节的交替或者生存繁衍的需要而进行群体性的大范围迁徙。

加拿大艾伯塔尖角龙群葬墓

恐龙公园的发现

自 1977 年以来，在加拿大艾伯塔恐龙公园内，人们发现了大量距今 7 500 万年前的恐龙化石，已清理统计出 35 种大约生活在同一时期的恐龙。这么多的恐龙种类共同生活在一起，并且相安无事，令人费解。

科学家的猜测

在恐龙公园内，两种形态结构和生活习性都非常相似的鸭嘴龙——兰伯龙和盔龙不可能同时生活在一起。因此科学家们认为，这些动物曾经发生过迁徙活动。

恐龙蛋是是非常珍贵的古生物化石。

恐龙蛋证据

在美国蒙大拿，科学家发现了大量的恐龙巢穴，像是恐龙的孵化基地，整窝的恐龙蛋完整而整齐地遗留了下来。科学家估计，恐龙会在雨水充足之时聚集在这里，但是到了旱季它们会重新集结起来，向其他地方迁徙，以寻找充足的食物。

大陆之间的迁徙

根据考证，北极在白垩纪的部分时间里是美洲和亚洲之间的一个连接点，两大洲的恐龙可通过这个洲际间狭窄而极长的大陆桥来实现自己的迁徙路程。而大量的化石证据都证实了这个推测。例如，鸭嘴龙和角龙类恐龙就主要分布在北美和东亚，说明这两个地区在白垩纪晚期的恐龙群有着非常密切的关系。

知识小笔记

在澳洲大陆和南极大陆上发现的几种恐龙化石，表现出与欧洲、北美的一些种类有密切关系，这也说明这些大陆曾经是连在一起的，发生过恐龙的迁徙和扩散，这些大陆在以后才慢慢分开。

冠龙迁徙时的场景。

家族的繁衍——恐龙蛋

恐龙化石十分丰富，甚至南极和北极都发现过恐龙的踪迹。但是，和恐龙化石比起来，恐龙蛋化石却相当稀少。目前发现的最大恐龙蛋，估计刚刚产出时也就十几千克，如此巨大的爬行动物产下一个很小的蛋，可以说是一个很神奇的现象。

有慢龙蛋化石的巢穴遗迹

最早的发现

早在19世纪初，人们就在法国南部的白垩纪地层中发现了一枚恐龙蛋化石，但当时谁也说不准这是什么动物的蛋。直到1922年，人们才真正确定了这枚蛋的身份。从此，人们才知道了恐龙是一种卵生动物，它们的幼仔都是从卵里孵化出来的。

恐龙蛋的外形

科学家研究发现，恐龙蛋化石的形态有圆形、椭圆形、长椭圆形和橄榄形等多种形状。恐龙蛋化石的大小悬殊，小的与鸭蛋差不多，直径不足10厘米，而最大的直径超过50厘米。蛋壳的外表面光滑或具有点线饰纹。

恐龙蛋化石

一只破壳而出的小恐龙

蛋壳的厚度

如果恐龙蛋大小和恐龙体型成正比的话，那么蛋壳将会厚得让小恐龙无法孵化，所以，恐龙蛋壳有着合适的厚度，这样空气可以渗透进去，而细菌则进不去，小恐龙就在这样的一个环境里不断生长，直到可以走出蛋壳为止。

如何孵化

科学家认为侏罗纪的气温比较高，恐龙蛋只要被放在有树叶或土壤保温的地方就可以孵化出来，恐龙不必像鸟儿那样还要用自己的身体来孵化小恐龙。

震惊世界的发现

1993 年，科学家在我国河南省西峡县发现了大批恐龙蛋。在这以前，人类总共才发现了 500 多枚恐龙蛋化石，而这次西峡出土的恐龙蛋达 5 000 多枚，没有出土的估计还有上万枚。一时间，世界都为之震惊。

已经破壳主即将破壳的恐龙蛋

家族的兴旺——恐龙的成长

影响恐龙成长的因素很多，如气候、食物等。在食物充足的情况下，一些恐龙的体型往往较大；而食物不充足的情况下，恐龙的体型往往较小。因此，充足的食物是保证恐龙正常成长的必须条件之一。

蛋生动物

作为卵生动物，恐龙的成长的确和龟鳖类以及鳄鱼有些相似的地方。恐龙胚胎在恐龙蛋中透过羊膜和蛋壳表面的气孔吸入氧气，排出二氧化碳，以恐龙蛋中的卵黄（就像是鸡蛋黄一样的物质）为养料成长。

➤背负着坏名声的窃蛋龙其实是一个最忠于职守的母亲，它的孵蛋姿势绝对不亚于今天的母鸡。

慈祥的母亲

人类经过考察，发现一些恐龙有孵蛋的习惯，一种鸭嘴龙类的恐龙还经常像鸟类一样给自己的幼仔喂食，像慈祥的母亲一样照料柔弱的小恐龙，所以科学家叫它慈母龙。当小恐龙成长到有独立行动能力的时候，它们还是习惯于跟随母亲一同散步和捕食。

脊龙妈妈和它的三个小宝宝。

恐龙托儿所

科学家在我国辽宁省境内发现一处奇异的恐龙化石群，其中清楚地显示，在一只成年的"鹦鹉嘴龙"身边共有 34 只未成年的恐龙幼仔依偎在周围。根据科学家推断，这里很有可能是一个恐龙的托儿所，就像今天的企鹅等动物一样，由群体里的几只成年恐龙负责照顾幼年恐龙。

刚刚破壳而出的霸王龙就能和妈妈一起分享美食了。

外貌的变化

很多恐龙刚出生的样子和成年恐龙都有很大的差距，年幼的霸王龙就像是一只身材庞大的小鸡，甚至有人认为它们刚孵化出来的时候浑身布满绒毛；也有些恐龙的幼仔在很短的时间里就可以发育成与成年恐龙相仿的体貌特征，比如三角龙。

两足还是四足——恐龙的行为

生活在中生代的恐龙，继承和发扬了祖先的直立行走姿态。恐龙的直立行走并不等同于人类的直立行走，不过这对作为爬行类的恐龙来说，却是一种很大的进步。

最初的设想

人们最先发现恐龙化石的时候，将恐龙设想为类似蜥蜴的爬行姿态。这样就使得恐龙要以一种很难受的方式拖动自己数吨重的身体前行。显然，这种爬行姿态很不适合恐龙庞大的身躯。

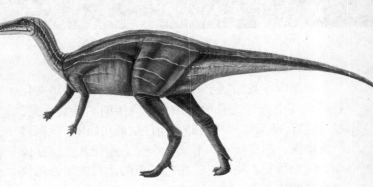

▲两足行走的恐龙，奔跑起来速度更快。

▲四足直立行走的恐龙并不像鳄鱼那样爬行

重新认识

科学家们通过对恐龙四肢和肩骨等的解剖学分析，特别是在世界各地发现了大量的恐龙脚印后，人们注意到同一个体左右脚印之间的距离并不宽，也就是说它们的四肢不像早期想象的那样分开。而且，在脚印化石旁边也没有发现腹部着地留下的任何痕迹。

▲ 阿韦拉角龙在水中以躲避霸王龙的追击。

直立行走的优点

对于素食恐龙来说，直立行走不仅有助于它们吃到更多的植物，而且有助于它们看到更广阔的区域，及时躲避肉食恐龙的袭击。对于捕食来说，两足行走不仅比四足行走更快，由于可以抬起前肢和头部，它们的视野更开阔了。

奠定霸主地位

恐龙直立行走是陆生动物的高级运动姿态，它使动物运动可以更加灵活，更加适应复杂多变的地形环境。恐龙的直立行走姿态增强了它们在陆地上的运动能力，使它们能够在更广阔的空间生活，为恐龙奠定了真正的陆地霸主地位。

知识小笔记

大型的肉食恐龙，如霸王龙、永川龙比较喜欢独来独往，或以小家庭为单位进行活动。素食恐龙，如蜥脚类、鸟脚类、甲龙类都过着有组织的群体生活。

▶霸王龙

难以界定——冷血还是热血

恐龙是冷血动物还是热血动物？直到今天，人们还没有搞清楚这个答案。恐龙生活的时代，地球上水草繁茂，气候温暖湿润，和我们现在的生活环境有很大的区别，现在的我们只能从化石里寻找各种细微的证据，来考证恐龙的体温。

对于恐龙的体温科学家已经争论了很多年。

冷血动物

现在的一些爬行动物，比如鳄鱼、蜥蜴等，都是冷血动物，根据这些，一些科学家推测它们的亲戚——恐龙也很有可能是冷血动物。冷血动物的体温随着外界温度的变化而升降，可以节省体能的消耗，不需要有强有力的心脏维持血液循环。

热血动物

20 世纪 70 年代以来，不断有人否定恐龙是冷血动物的观点。其理由是从恐龙的骨骼结构上可以看出恐龙身上有不少与哺乳动物和鸟类类似的地方，还有从运动学等方面考察，恐龙应该是具有高度新陈代谢功能、可以维持体温的动物。

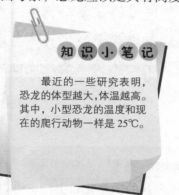

知识小笔记

最近的一些研究表明，恐龙的体型越大，体温越高。其中，小型恐龙的温度和现在的爬行动物一样是 25℃。

热血的原因

由于恐龙是直立行走的，不像龟、鳄、蜥蜴等爬行动物的匍匐式姿态，所以，灵活的行走方式使恐龙有了更大的活动量，也就需要更多的食物来补充体能。吃得多，必定要有一个良好的新陈代谢系统才能适应，这样才能让体内器官有足够的热量，并得以稳定体温。

很难证明的"热血动物"

事实上，要证明恐龙是"热血动物"也很不容易。因为恐龙的脑子与其身体相比，显得特别小，这对于热血动物需要较好的灵活性来说，恐龙的速度太慢了，与哺乳动物的运动速度相比，恐龙只能算是慢性子了。我们所知道的那些行动灵活的恐龙只是恐龙大家族中的一小部分。

未解之谜

也许笼统地说恐龙是冷血还是热血有些不对，因为它们之中只有一部分是冷血，或者只有一部分是恒温的热血动物。因此，恐龙是冷血动物还是热血动物或许是要由一些特定的因素来决定。

恐龙王国中的巨人——庞大的恐龙

从地球上出现生命以来，恐龙应该是我们发现的最大动物了。在恐龙家族的发展历程中，除了少量的恐龙维持小型化的体型以外，其余恐龙的体型都在持续增大，一些体型庞大的蜥脚类恐龙逐渐成为恐龙王国中的巨人。

▼ 鼠龙

蜥脚类恐龙

从现在的恐龙化石上我们可以看到很多恐龙都有一个庞大的身躯，它们的四条腿像巨大的柱子一样支撑着自己的身躯。尤其是蜥脚类恐龙是地球上生存过的最大的陆生动物。它们出现于三叠纪，在侏罗纪达到鼎盛，进入白垩纪开始衰落。

庞大的身躯

其中产自侏罗纪晚期和白垩纪早期的雷龙、梁龙和腕龙最为有名，它们身长达到 30 米，体重可达 80 吨。1986 年，在美国新墨西哥州发现的震龙更加巨大，这个来自侏罗纪晚期的大家伙有 42 米长，体重据推测可以达到 100 吨。

长颈鹿的叹息

优雅、高大的长颈鹿是现在陆地上最高的动物，不过，如果它能看到恐龙的话，可就自叹不如了，因为两个长颈鹿垒起来，才和一头腕龙一样高。有的恐龙化石只被发现了一部分，但是这一小部分也足以让我们吃惊了，比如一种恐龙的肩胛骨就有近 3 米长。

惊人的体重

体重上恐龙也不输给任何动物，现在我们知道陆地上最重的动物是大象，而十几头大象的重量才和一头腕龙一样，而腕龙还不是最重的恐龙。超龙的体型比腕龙还大 1/3，生前可能有 20 头大象那么重！

恐龙王国中的小个子——小巧的恐龙

恐龙家族中确实有许多令人恐怖的庞然大物，但是也有一些小巧可爱的"小家伙"。它们是恐龙世界中的另类，它们虽然不像那些庞大的巨兽那样让人震惊和瞩目，但是也吸引了古生物学家的注意！

生存的强者

庞大的恐龙家族中也有一些小不点，虽然个头不大，但"人丁兴旺"，因为长得小巧，它们更能适应环境的变化，尤其是在一些被海洋包围的岛屿上，这些小恐龙可是生存的强者。

知 识 小 笔 记

中国猎龙是一种生活在1.3亿年前的一种小型恐龙，它的嘴里生长着许多细小的牙齿，身体长度不足1米，两只细长有力的后腿使它能以很快的速度奔跑。

身手敏捷的捕猎者

看似安全、友善的小恐龙其实很多都是残忍的猎手，它们几乎都是依靠两条腿跑动的，而且身手敏捷。它们每天的主要工作就是寻找食物，不过它们的猎物都是比它们还要小的动物。

恐龙大小的比较。
从左向右依次为：美颌龙、嗜鸟龙、双脊龙、牛角龙、巨兽龙、圆顶龙。

最小的恐龙化石

古生物学家在南美洲的阿根廷发现了现在最小的恐龙的化石，这只恐龙和一只老鼠大小差不多，因此被称为鼠龙，不过有一些古生物学家认为这只是幼小的恐龙而已。

最小的恐龙

目前人类发现的最小的恐龙叫美颌龙，我们也叫其细颚龙，这种恐龙非常小巧，一只成年的美颌龙站起来的高度才能达到成年人的膝盖。它们经常三个一堆、五个一群地捕食比自己大得多的动物。

◂ 危险的小型恐龙

北美最小的肉食恐龙

在加拿大一家博物馆收藏有一种"迷你"恐龙的骨骼化石。科学家推测，这种恐龙7 500万年前生活在艾伯塔南部的沼泽和丛林地带，成年后体重在1.8 ~ 2.2千克之间，为北美地区迄今发现体型最小的肉食恐龙。它们可能猎食昆虫、小型哺乳动物、两栖动物，甚至幼年的恐龙。

食量惊人的大块头——素食恐龙

提 起恐龙,很多人都以为恐龙全是凶猛异常的肉食动物,事情很可能不是这样。研究发现,其实还有不少恐龙是素食者。它们生活在丛林中,靠吃树叶维持生存。

身体特点

素食恐龙大都四足行走,但也有两足行走的,比如鸟脚类的恐龙。素食恐龙的脑袋小,身体大,牙齿不具有进攻性的武器,并且大多数素食恐龙具有长长的颈,以方便它们取食树梢的叶片。

知识小笔记

蜥脚类恐龙根本不咀嚼,直接把咬下的食物吞进肚里,让胃里的细菌来发酵食物或让它们故意吃下去的小石子来磨碎食物。

庞大的巨兽

很多恐龙都是吃植物的,其中包括了体型最大的蜥脚类恐龙以及所有的鸟臀类恐龙。这些恐龙许多都非常巨大,一天能吃很多食物。

↪ 腕龙吃树叶

以植物为食的恐龙

不同的吃法

由于植物是由纤维素和木质素构成的，必须先被分解处理后，才能被胃消化。为了解决这个问题，素食恐龙演化出各种解决方法，鸭嘴龙类恐龙具有特殊的牙齿，可以先咬碎及研磨食物；角龙则强壮的颚骨和牙齿撕碎坚韧植物。

不停地进食

根据恐龙的饮食习惯，科学家认为素食恐龙几乎除了睡觉外一直都在进食。一些科学家甚至认为素食恐龙像牛一样可以储存食物，在胃里进行反刍。科学家推测，马门溪龙一天要用近20小时的时间来进食。

根据恐龙的饮食习惯，科学家认为素食恐龙几乎除了睡觉外一直都在进食。

凶残的掠食者——肉食恐龙

肉食恐龙是恐龙王国里的一大类，它们性情凶猛，有着强大的力量和锋利的牙齿，而且身手矫捷。它们主要以比自己弱小的恐龙为食，另外也吃其他的同时代生物。

身体特点

肉食性恐龙都属于兽脚类，它们两足行走，善于奔跑；前肢的指端具有锐利的爪子，可以帮助捕食；头占身体的比例较大，有一个血盆大口；颚骨上整排巨大弯曲的利齿，看起来就像牛排刀边缘的锯齿一样。

知识·小·笔记

哺乳纲、食肉目、熊科120～180厘米60～110千克竹子、昆虫、鱼中国西部海2 500～4 000米的高山上180厘米60～110千克竹子、昆虫、鱼中国西部海2 500～4 000米的高山上

肉食性恐龙是有较大的头，后肢有力而前肢很短的大型恐龙。

巨齿龙

巨齿龙

巨齿龙比两只犀牛还要长，高出一个成年人两倍的高度。它的大嘴里长满大而尖的牙齿，每一颗牙齿的大小相当于当时小哺乳动物的整个颌部。除去可怕的大嘴外，它的手和脚上还有长长的爪子，这些爪子会撕开猎物坚韧的皮。

寻找猎物

和素食恐龙相比，肉食恐龙就需要花费一些气力才能得到吃的，因为它们的食物是那些会移动的动物，肉食恐龙每时每刻都在为自己的下一顿饭忙碌。

霸王龙咬住腕龙的脖子

可怕的杀手

霸王龙的眼睛很大，并且位置很靠前，它们可能和猛禽一样，直视前方。这双大眼睛还有距离感，能够精确地判断猎物的远近。由于具有发达的大脑和锋利的牙齿，霸王龙一直被公认为是最可怕的杀手。

凶残的霸王龙正在进食被打败的双脊龙。

特别的武器——恐龙的犄角

在 今天的地球上生活着一类奇特的动物，它们的头上都长有犄角，比如鹿、角马和野牛，这些角是它们重要的防身武器。恐龙家族中也有这类成员，它们都被归入角龙类，它们的形象也常常被人类搬上银屏，成为出色的电影明星。

古老的角龙

早在 1.3 亿年前，角龙就出现在地球上了，不过这时候角龙的犄角还不是很明显。随着时间的推移，角龙的头颅间以及鼻子上逐渐演化出了尖角。它们和现在的犀牛很像：体型粗壮，以四肢行走，而且都是素食动物。

粗壮的角

角龙的角粗壮而有力，它的角和一个成年人的胳膊一样粗，由坚韧的角质组成，非常坚固，即使成为了化石，角龙的角看起来都非常锋利。

当有敌人接近时，三角龙会使用它们的角来抵刺敌人。

↑三角龙

角龙之王

在演化过程中，角龙类恐龙的犄角有越来越突出的趋势，其中以三角龙最为明显，因此它被称为角龙之王。三角龙是活到最后大灾难到来前的恐龙之一，它们在地球上大约存在了 300 万年，最后在物种大灭绝的灾难中消失。

知 识 小 笔 记

角龙的化石往往成群地被发现，可见它们生前有群体生活的习性，可能也会成群结队地对抗肉食性恐龙。

防御的武器

三角龙三个犄角中的两个长在额头，就像野牛的角一样，而另外一个短角长在鼻梁上，就像犀牛一样。当三角龙被激怒时，会像犀牛一样撞向敌人，用自己坚硬的尖角来袭击敌人。

三角龙长着怪异的角和粗壮的身体使得霸王龙对它也畏惧三分。

功能多样——长长的脖子

在 现在地球生命中,还有哪一种动物有着独特的长脖子呢? 相信你首先想到的回事长颈鹿。不过长颈鹿的长脖子和远古时代的恐龙比起来,那可真的就不算什么了。

弯曲的脖子

考古学家们发现,几乎每一种动物都会尽量保持脖子垂直,并呈现 S 形曲线。单独分析恐龙骨骼也发现,它们的脖子应该是与地平线垂直的。蜥脚类恐龙的头应该是高高扬起的,它们的脖子则像天鹅的脖子一样,是弯曲的。

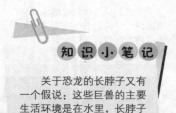

知 识 小 笔 记

关于恐龙的长脖子又有一个假说:这些巨兽的主要生活环境是在水里,长脖子的作用正是为了呼吸。

梁龙长长的脖子能吃到大树顶端的叶片,这种觅食本领完全靠它们强壮、轻巧、柔软又可弯曲的颈部,才可能办得到。

腕龙的脖子也相当的长，并不亚于梁龙。

特殊的身体特点

有些科学家认为：如果蜥脚类恐龙昂头行走，除非它有一颗两吨重的心脏来保证头部的供血问题。而另一些科学家则认为，蜥脚类恐龙可能有与长颈鹿类似的身体特点，只是我们不知道而已。

平衡器

科学家推测，一些恐龙在奔跑时，脖子会和身体一起运动，不至于在奔跑时忽然摔倒。所以，长长的脖子还是很好的平衡器。

重龙长脖子上的骨头是空的，而且很轻，这意味着它抬起头来吃东西很容易。

最长的脖子

2007 年，巴西和阿根廷科学家历时 7 年，在阿根廷挖掘出一具素食恐龙的巨型骨架化石，这是迄今为止发现的最大恐龙化石。科学家们说，它可能属于一种未知的恐龙种类。这只恐龙的颈部就长达 17 米，可能生活在距今约 8 800 万年前的白垩纪晚期。

生存的保障——恐龙的眼睛

虽然从现有的恐龙化石我们很难确定恐龙到底有没有眼睛，不过一些科学家们依然相信恐龙有着视觉较为发达的眼睛，因为在它们生存的时代眼睛是生存的重要保障。

判断视力的标准

动物视力的好坏有两个标准，一是眼睛越大大视力越好；二是两眼的位置，眼睛长在头部两侧，视野会开阔；双眼距离较近，判断目标距离准确，利于捕猎。

▲ 甲龙是恐龙家族中的近视眼

人们的猜测

科学家认为，有些恐龙是在晚上捕食的，这说明它们的眼睛具有更复杂的结构，能够在昏暗的晚上看清楚周围的一切，不过，这些猜测还没有得到证实。由于恐龙和鳄鱼曾处于同一时代，人们同样推测恐龙具有眼皮，它也可以闭上眼睛。

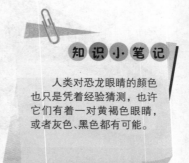

知识小笔记

人类对恐龙眼睛的颜色也只是凭着经验猜测，也许它们有着一对黄褐色眼睛，或者灰色、黑色都有可能。

←恐爪龙

←似鸟龙

🦖 猎手的视力

现在科学家大多认为肉食恐龙的视力要好一些，为了猎捕足够的食物，它们的眼睛要快速清晰地发现目标，而且要能大致上判断目标的位置，这样狩猎才会成功。在肉食恐龙中，尤以恐爪龙、似鸟龙等的视力最好。

🦖 不同的视力

体型较大的蜥脚类动物的视力可能比较差，但是它们可以通过长脖子把头高高举起，以获得更为广阔的视野。剑龙类和甲龙类的眼睛相对较小，它们的视力更差。

🦖 鸭嘴龙的眼睛

由于鸭嘴龙没有坚硬的铠甲和防身用的武器，它们只能依靠明锐的观察能力及时发现危险，然后迅速逃离。因此，它有一双很大的眼睛，眼睛的位置又很靠后，所以鸭嘴龙的视力相当好。

形形色色——恐龙的牙齿

美洲豹也叫美洲虎，它的头很粗大，体格健壮，肌肉丰满，身上披着金色的皮毛，上面布满大大的环纹。美洲豹性格孤僻，喜欢独居，常常在夜间出没在森林里，是个令人闻风丧胆的"美洲幽灵"！

牙齿的分类

恐龙的牙齿可以分为四种基本形态：匕首状齿、勺状齿、棒状齿和叶状齿。其中，匕首状的牙齿适合于撕碎猎物，并把大块肌肉撕成碎片吞下；其余形状的牙齿都比较圆钝或者细小，只适合于切割或者磨碎植物。

同型齿

所有嗜杀成性的大型肉食恐龙都长有非常厉害的牙齿。这些牙齿的形状全都一个样，只是大小略有不同，科学家称它为"同型齿"。吃植物的恐龙也长着同型齿，但不像肉食恐龙那么尖锐锋利，它们往往都是粗略地咀嚼以后便将树叶吞咽下去，然后通过胃石来磨碎食物。

霸王龙

霸王龙的大嘴巴里参差不齐地长着很多巨大的、匕首般的尖牙利齿。牙齿微向后弯，边上呈锯齿状，最大的足有 20 厘米长。霸王龙的牙齿清楚地表明，它是一个凶猛的肉食恐龙。它吃起肉来不嚼，而是将大块的生肉整个吞下。

霸王龙的大嘴巴里参差不齐地长着很多巨大的、匕首般的尖牙利齿。

知识·小·笔记

似鸟龙是不长牙的恐龙，与恐龙血缘密切的鸟类也没有牙。其实它们原来都是长有牙齿的，只是后来退化了。

生存法宝——恐龙的爪子

> **恐**龙锋利的爪子和指甲同牙齿一样,也是不容易腐烂的部分,它们保存完好,久而久之就变成了化石。恐龙爪子的化石告诉我们恐龙生活的方式。恐爪龙是恐龙时代最厉害的爪子杀手,它跑起来快如疾风,攻击时凶猛无比。

巨大的爪子

大个子的恐龙自然也有巨大的爪子,有些恐龙的脚掌差不多和一个成年人一样大,这样大的脚使恐龙能够稳稳地奔跑和站立。

霸王龙用它锋利的爪子捕捉小型恐龙

知识小笔记

在进攻的时候,恐爪龙双腿腾跳,就像挥舞着两把锋利的镰刀,所向无敌,其长长的尾巴还可以帮助它保持身体平衡。

猎杀的利器

猎杀其他动物的恐龙,通常具有鹰爪般窄小而尖锐的弯爪。它们的爪子可以像刀子般牢牢叉住猎物,让猎物无法逃脱。同时,爪子也是抓伤或杀死猎物的利器。

尖锐的前爪

许多肉食恐龙都有一对有力的前爪,当它们捕食猎物的时候,就可以用自己的爪子来抓住猎物,不过,它们的爪子远没有猴子的手灵活。

多用途的爪子

因为不需要猎杀动物,素食恐龙的爪子不是非常锐利。它们的爪子比较宽平、粗糙强韧,具有多种不同用途,如行走、刮取或挖掘食物。有时,素食恐龙如蹄般的爪子可以作为防卫武器,用来挥打攻击它们的肉食恐龙。

● 恐龙的爪子

● 指甲

爪子杀手

恐爪龙是一种可怕的动物。它的后肢第二趾的趾端有镰刀般的巨大爪子,而且长长的前肢还各有三个带爪子的指头。在进攻的时候,恐爪龙双腿腾跳,就像挥舞着两把锋利的镰刀,所向无敌,其长长的尾巴还可以帮助它保持身体平衡。

肤色大猜想——恐龙的皮肤

古 生物学家们研究发现,大部分恐龙可能有着与现在的爬行动物相似的皮肤,上面有坚韧粗糙的鳞甲或角质突起。此外,有些恐龙的皮肤还具有特殊的伪装色。

岩石里的印痕

如果恐龙的皮肤在尚未腐烂前很快被埋住,皮肤表面的印痕就会留在岩石里。这些印痕显示很多恐龙的皮肤上覆盖有鳞片。

霸王龙类的肉食恐龙皮肤很粗糙,上面长有一排排高出表面的大鳞片。

各种各样的皮肤

霸王龙类的肉食恐龙皮肤很粗糙,上面长有一排排高出表面的大鳞片。梁龙、雷龙、马门溪龙等蜥脚类恐龙的皮肤与蜥蜴近似,有颗粒状的鳞片。角龙的皮肤有成排大而呈纽扣状的小瘤。

色彩斑斓的动物

恐龙皮肤的纹理和质感还有些证据可寻，而它的颜色则纯粹是猜测了。有些恐龙以颜色互相辨认；有些恐龙把颜色作为炫耀自己的"本钱"，特别在配偶面前，更是不遗余力地显示自己漂亮的色彩。

恐龙身上鲜艳的颜色和花纹都是警戒色，也可能是它们之间互相区别的标志。

知识小笔记

世界上恐龙的皮肤化石发现得很少，而且都是印膜化石。迄今为止，除中国外，加拿大、蒙古、美国和英国也发现了恐龙的皮肤化石。

发现皮肤化石

1985 年，在我国四川省的自贡市发现了一具剑龙骨架。当时，人们在骨架的肩部发现了一对逗号状的骨棘，称为"肩棘"。1989 年冬，科技人员在修整这具骨架时，还发现了恐龙皮肤化石。

梁龙的皮肤与蜥蜴近似，有颗粒状的鳞片，但比霸王龙平坦。

恐龙皮肤的功能

除了保护身体内部柔软的组织以外，科学家猜测恐龙的皮肤还具有其他功能，比如阻止水分蒸发和调节身体内的温度，为恐龙的正常活动提供保障。

形式多样——恐龙的"语言"

有人言,兽有兽语。兽语就是动物用来交流的方式之一,除了用各种鸣叫来交流,在自然界还存在着很多交流方式。蚂蚁通过触角的相互碰撞来交流信息;蜜蜂通过独特的舞姿来传递信息;恐龙这个远古的生物又是靠什么来交流的呢?

视觉交流

视觉交流是恐龙信息交流的一个重要方面。每当交配季节,恐龙会像今天的许多鸟类和爬行类那样,雄性身上出现鲜艳夺目的颜色来吸引异性的注意。有些雄性恐龙,如肿头龙、角龙会通过以头相撞来取得与雌性交配的资格。

知识小·笔记

美国的一位古生物学家对各类恐龙的智力做了测试,发现它们的智力由低到高依次是:蜥脚类、四龙类、剑龙类、角龙类、鸟脚类、大型肉食兽脚类和虚骨龙类。

"声音语言"

恐龙与其他陆生动物一样,也非常需要借助声音来发出各种应急信号,如召唤同伴一起保卫领地、交配季节吸引异性等。或许,恐龙交流时的声音包括各种咯咯声、呼噜声、吼声、咆哮声或哀鸣声等。

◀霸王龙

重要的"语言"

2008 年，英国的一个研究发现，鸭嘴龙能够利用它们形状不同的鼻腔与气囊发出声音，虽然它们的声音不能像鸟类那样复杂、高亢，但已形成了自己的"声音语言"，来传达对同伴的警告与指令。在交配季节，这些由不同声调与音符组成的"语言"起着更为重要的作用。

对食火鸡的研究

2003 年，纽约的一份研究报告称，食火鸡能发出鸟类最低沉的声音，而其头部的盔状物是它们接收同伴发出的低频声音的接收器，由于众多恐龙化石上也有这样一种与食火鸡"头盔"相似的盔状物，所以对食火鸡的研究有助于理解恐龙是怎样进行交流的。

◀单脊龙

互相摩擦

短吻鳄的鼻子和脖子上都长有能感觉外界信息的皮肤斑点，在交配季节，异性间通过斑点的相互摩擦而感知对方。我们是否也可以幻想一下霸王龙在交配季节也是这样。或者一对梁龙互相爱慕地将长脖子缠在一起，并迅速地用鼻子互相摩擦。

似鸡龙

变化多端——恐龙的声音

大部分科学家都认为恐龙能发出叫声，所以，电影、电视里人们就用现代仪器模拟了恐龙的叫声。如果恐龙真会叫，那它们的叫声有什么用呢？科学家们推测，恐龙会利用叫声进行联络、预警、威胁敌人等。

似棘龙是叫声最大的恐龙

制造声音的能手

也许，很多恐龙都是制造声音的能手。比如，埃德蒙托龙有鼻囊，鼻囊胀大时就能发出低沉的叫声；兰伯龙的短柄斧形头冠里有管子，就像音箱一样能放大叫声；副龙栉龙头冠里有通气管，能让它在喘粗气时发出喇叭声。

模拟恐龙声音

科学家利用恐龙化石来制作恐龙的喉咙气管，再利用人工制作的软骨来复原声带，模拟肺部进出的通气量来让声带发出声音，同时也参考现代的鸟类、大型哺乳动物叫声。科学家曾模仿副龙栉龙的头骨造了一个模型，这模型还真的能吹出声音来。

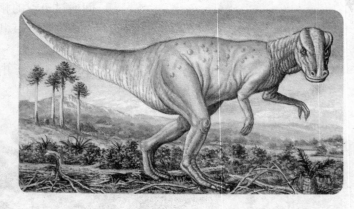

鸭嘴龙或许能发出比较悦耳的声音

各种各样的叫声

科学家们猜测，霸王龙也许能发出虎啸般的吼声，南美洲现生的宽吻鳄就能发出"如雷贯耳"的惊人鸣声。一些小型的兽脚类恐龙可能会发出像鸡、鸭、鹅、乌鸦那样粗俗难听的叫声。那些大个子的蜥脚类恐龙没有声带，可能是一些"哑巴"，顶多能像蛇那样发出"嘶嘶"声。

知识·小·笔记

一般来说，动物的嗓门大小取决于它的肺。恐龙的肺比较大，不过和现在的一些动物比起来，可能还算不上大嗓门。

鸭嘴龙的叫声

有人认为，头上长有棘突状饰物的鸭嘴龙，能发出一种类似西洋乐器那样的声音，因为在棘突中有弯曲的管道，能产生共鸣，发出声响。

警告的嚎叫

当一只恐龙遇到危险的时候，它会嚎叫，向其他同伴发出警告，告诉它们敌人来了，做好防御的准备，但是到今天，我们并不知道它们的警告声和其他声音有什么样的区别。

另类"武器"——腿和尾巴

腿 是恐龙行走的工具,鸟臀类的恐龙大多以双腿行走,而蜥臀类的恐龙则保持着以四条腿走路的方式。此外,恐龙的尾巴也是大小各异,这是进化的结果。

化石告诉我们的秘密

有一些恐龙只发现了腿骨的一部分,但是根据这些,科学家可以画出一个推测图,因为不同恐龙的腿骨都有各自的特点,并不一样。所以,一个有经验的古生物学家可以从化石上看出许多恐龙的秘密。

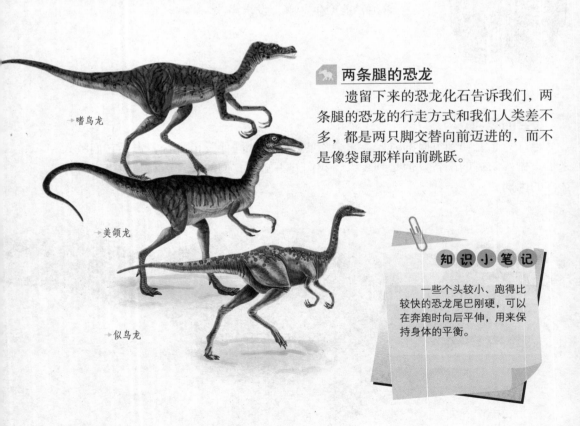

嗜鸟龙

美颌龙

似鸟龙

两条腿的恐龙

遗留下来的恐龙化石告诉我们,两条腿的恐龙的行走方式和我们人类差不多,都是两只脚交替向前迈进的,而不是像袋鼠那样向前跳跃。

知 识 小 笔 记

一些个头较小、跑得比较快的恐龙尾巴刚硬,可以在奔跑时向后平伸,用来保持身体的平衡。

形状各异的尾巴

恐龙除大部分是鞭状尾巴外，还有很多特殊形态的尾巴，像尾巴的末端有锤状、刺状的形态。马门溪龙和峨眉龙等大型蜥脚类恐龙是锤状尾、剑龙是刺状尾。发掘于我国境内的蜀龙尾巴上长着4只尖钉和一根棍棒。

剑龙用带有四根尖刺的危险尾巴来防御掠食者的攻击。

尾巴武器

甲龙的尾巴是棍棒形的，而且尾端有一个实心骨球。在遇到肉食恐龙时，这些尾巴上的武器也能够派上用场。梁龙的尾巴有 9 米长，是朝着尾端渐渐细下去的，可以像鞭子一样甩向伺机进犯的肉食恐龙。

甲龙有个像高尔夫球棒一样的尾巴。

神秘莫测——身体内部

任何动物要想维持正常的生理运转,都要有完整内脏,恐龙也不例外。由于它们的身躯实在是太过庞大,科学家们因此推测,恐龙的内部器官有着我们难以想象的独特之处。

恐龙的大脑

　　和自己庞大的身体相比,恐龙的大脑并不算大,所以有人认为恐龙很笨,但是恐龙能够统治地球长达1亿多年的事实足以说明它们的大脑具有足够的智慧。有的恐龙还具有两个脑子,比如剑龙和大型的蜥脚类恐龙就是这样。这些恐龙的前后两个脑子能分工合作,互相帮助。

短冠龙

知 识 小 笔 记

　　2002年,在美国蒙大拿州出土了一具7 700万年前的恐龙干尸,其肌肤纹理、胃中残留物及其他一些内脏保存完好。科学家指出,可以由此对恐龙形态及生活方式有更多了解。

恐龙的心脏

大部分恐龙的身高有数米，它们需要一个强大的心脏来给自己的大脑输送血液。在美国南达科他州发现的恐龙心脏化石表明，恐龙的心脏与鸟类和哺乳动物的心脏相似，即心脏分为四个心腔，并与一根主动脉血管相连。

强大的生理机能

恐龙的心脏与爬行动物结构比较简单的心脏大不相同，显示出恐龙生前具有独立的体循环和肺循环，其血液循环的效率比较高，肺功能很强大，血管和神经系统也应该非常发达。

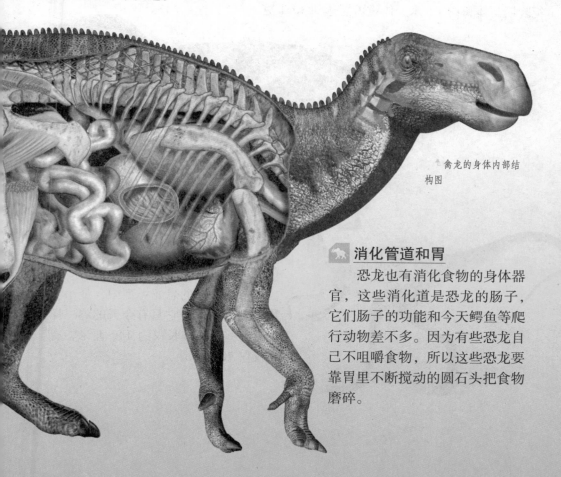

禽龙的身体内部结构图

消化管道和胃

恐龙也有消化食物的身体器官，这些消化道是恐龙的肠子，它们肠子的功能和今天鳄鱼等爬行动物差不多。因为有些恐龙自己不咀嚼食物，所以这些恐龙要靠胃里不断搅动的圆石头把食物磨碎。

千奇百怪——恐龙之最

恐龙在地球上的生命史延续了大约 1.6 亿年，在这漫长的岁月里，它们繁衍生息，形成了一个辉煌的生命时代。下面就让我们一起去了解一下恐龙王国之最吧！

最早出现的恐龙

现在所知最早的恐龙为两足行走的肉食类，命名为南十字龙。它出现于三叠纪晚期，体长约 1.5 米，体重可能达到 30 千克。

→南十字龙

→美颚龙

最小型的恐龙

现今所知的恐龙类型中，最小要算是美颚龙类，它只有今天的鸡一样大。有些种类体长仅约 140 厘米，有些仅仅 70 厘米。

→腕龙

最重的恐龙

　　平滑侧齿龙体重达 150 吨，是目前已知最重的恐龙。腕龙与南极龙两者估算都在 70 ~ 80 吨之间，但是南极龙可能比较瘦一些，但目前没有人确切知道答案。

◁ 盾甲龙

最宽的恐龙

　　甲龙身披装甲，步履稳健，一些甲龙还拥有庞大的身躯。最大的甲龙大约 5 米宽，体长则不超过 10 米。相对于体长和身高来说，甲龙是恐龙家族中最宽的成员了。

◁ 埃德蒙顿甲龙

最长的恐龙

　　重型龙与梁龙大约都为 27 米长。然而还有两种更长的龙尚在发掘，它们暂时的昵称为超龙与巨龙，若全部骨架发掘出来会更长。这两类恐龙初步推测长度为 35 ~ 40 米。

→梁龙

与恐龙同行——海洋巨兽

在恐龙时代，还有一群生活在海洋里的庞然大物。这些生物大约在7 500万年前进入海洋，为了适应海洋环境，它们的四肢逐渐发展成便于游水的鳍状肢，进而称霸海洋。

知识小笔记

鱼龙眼睛的直径最大可达30厘米，而现生脊椎动物中要数蓝鲸的眼睛最大，其直径也才15厘米。

鱼龙

鱼龙有着流线型的外形和船桨状的四肢，与海豚外形有些相似。它的嘴巴长而尖，长着锥状的牙齿，眼睛大而圆，以乌贼、鱼等为食。

因水怪而闻名

今天，在英国苏格兰北部高原的峡谷中，有一个闻名遐迩的湖泊——尼斯湖，尼斯湖水怪的传说就出自这里。有说法认为，尼斯湖水怪的原型可能就是蛇颈龙。

尼斯湖

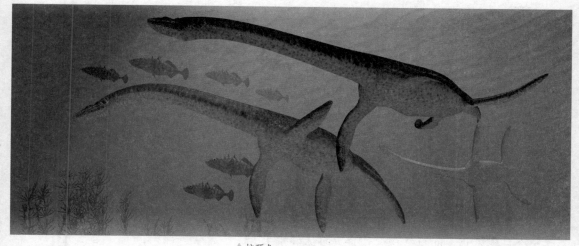

蛇颈龙

蛇颈龙

蛇颈龙的外形像一条蛇穿过一个乌龟壳：头小，颈长，躯干像乌龟，尾巴短。蛇颈龙的嘴巴很大，里面长有很多细长的锥形牙齿，四肢进化为适于划水的肉质鳍脚，使蛇颈龙既能在水中往来自如，又能爬上岸来休息或产卵繁殖后代。它的食物主要是鱼类和鹦鹉螺。

沧龙

沧龙的种类较多，小的长 4 米，大的可达 17 米。从外形上看，它们更像今天的某些鱼类，身体细长，四肢呈鳍桨状，尾巴长而扁平，吻部又长又尖，嘴里长满利齿。沧龙是当时海中的霸王，捕食鱼、乌贼、贝类、古海龟和鲨鱼。

沧龙

幻龙

幻龙有点像鳄鱼，尾巴扁而长，四条腿较短，嘴巴里长满了钉子状的尖牙。它非常敏捷，善于捕捉菊石、头足类等动物。就像今天的龟和鳄一样，幻龙也喜欢到陆地上晒太阳。

家有近亲——恐龙的亲戚

虽然整个恐龙时代在 6 500 万年前，因一场大劫难而神秘灭绝，但恐龙的一些"亲戚"却奇迹般地存活到了今天。直到今天，我们依然能从它们身上看到恐龙的某些特征。

龟鳖类

龟鳖类爬行动物自三叠纪中晚期出现后，至今长盛不衰，而且 2 亿多年来，身体的基本结构变化不大，始终穿着厚厚的铠甲。它们作为一个物种如此长寿，很大程度上是因为有这身坚固外壳的缘故。

知识小·笔记

翼龙也是恐龙的近亲，它和恐龙生活在同一时代，有时也被误认为是"会飞的恐龙"。

▲霸王龙和狂齿鳄

鳄类

纵观当今的爬行动物，要说亲缘关系最近的可能就是鳄类了。鳄类大约与恐龙同时出现，它们自出现后就一直居住在河流、湖泊甚至海洋中。最大的现代鳄类长达 6 米或更长些，它们在现代世界上能够应付除人类以外的一切对手。

↑ 蜥蜴

蜥蜴

蜥蜴作为恐龙的亲戚，它们出现在历史舞台的时间要比恐龙晚得多，大约在侏罗纪后期才演化成类似我们今天看到的蜥蜴。现在，地球上约有 3 800 多种蜥蜴，它们的身影遍布热带和温带地区，无论丛林还是沙漠，都有它们的踪迹。

喙头蜥

喙头蜥是蜥蜴的近亲，模样有点像蜥蜴。它是现存爬行动物中资格最老的一类。三叠纪早期，它们的祖先就已活跃在地球上了，2.4 亿年来样子基本上没多大变化。现在，喙头蜥生活在新西兰南部荒僻的半岛上，数量很少，被人类称为"活化石"。

蛇类

蛇类在今天地球上的爬行动物中非常兴盛，大约有 3 000 多个种类。我们通常认为蛇和蜥蜴关系密切，这也许并不是空穴来风。因为有些古生物研究者认为，一些蜥蜴为了更好地适应当时恶劣的生存环境而蜕化了四肢，所以形成了我们后来看到的蛇。

↑ 在高空飞翔的翼龙

众说纷纭——恐龙灭绝之谜

恐龙在中生代盛极一时,那个时候地球上到处是茂密的森林,这为恐龙的生存繁荣创造了有利条件。然而,它们却突然在很短的一段时间灭绝,留给我们无尽的谜团。

小行星撞击地球

小行星撞击理论

大多数科学家认为,恐龙的灭绝和 6 500 万年前的一颗小行星有关。据称,当时曾有一颗直径 7 ~ 10 千米的小行星坠落在地球表面,它引起的爆炸在地球表面形成遮天蔽日的尘雾,导致植物的光合作用暂时停止,恐龙因此而灭绝了。

知识小笔记

1991 年,在墨西哥的尤卡坦半岛发现了一个发生在久远年代的陨石撞击坑,这个事实进一步证实了小行星撞击理论的观点。

气候变迁说

6 500 万年前,地球气候陡然变化,气温大幅下降,造成大气含氧量下降,令恐龙无法生存。也有人认为,恐龙是冷血动物,身上没有毛或保暖器官,无法适应地球气温的下降,都被冻死了。

偷吃恐龙蛋的恐龙

物种斗争说

恐龙年代末期，最初的小型哺乳类动物出现了，这些动物属啮齿类肉食动物，可能以恐龙蛋为食。由于这种小型动物缺乏天敌，越来越多，最终吃光了恐龙蛋。

地磁变化说

现代生物学证明，某些生物的死亡与磁场有关。对磁场比较敏感的生物，在地球磁场发生变化的时候都可能导致灭绝。由此推论，恐龙的灭绝可能与地球磁场的变化有关。

难解之谜

关于恐龙灭绝原因的假说，远不止上述这几种。但是上述这几种假说，在科学界都有较多的支持者。当然，上面的每一种说法都存在不完善的地方。但是，普遍被大家认可的是行星撞击理论。

> 虽然，关于恐龙灭绝的猜测众说纷纭，但是，没有任何人能够拿出足够的证据来推翻其他假说。

追踪三叠纪

　　作为中生代的第一个纪元，三叠纪对于恐龙的历史来说就像是史书的第一页。历史走到三叠纪，恐龙便开始登上历史舞台，三叠纪起始于2.5亿年前，大约持续了5 000万年，它结束了古老的迷齿类两栖动物的统治史，将爬行动物推上历史的高峰。这一时期，爬行动物种类不断分化、增加，出现了最初的恐龙。

最早的巨型恐龙——板龙

板龙是地球上第一种巨型植食恐龙，其身体像一辆公共汽车那么长，这与之前那些大小与猪相差无几的食草类恐龙相比，差别非常大。

身体形态

板龙全长约 7 米，站立时头部高约 3.5 米，是最早的高大素食恐龙。它的头细小，口中有齿，脖子和尾巴都很长，躯体粗大。前肢短小，后肢则比较粗长。

独特的前爪

板龙粗壮的前爪有一个拇指和其他四个一般的前指，拇指上长着一个顶端尖尖的大尖爪。一些科学家认为这个拇指上的大爪子是用来防御敌害的，另一些科学家则认为是用来从树上或灌木上抓握食物的。也许，这两种功能兼而有之。

行为习性

　　由于板龙骨架经常是被成群发现的，许多科学家推测，板龙是结成小群生活的，就像现代的河马和大象那样。有时候，板龙用四肢爬行并寻觅地上的植物，但当需要时，它可以靠两只强壮的后腿直立起来，寻找其他可觅食的地方。

◄ 板龙是最早的高大食素性恐龙。

进食

　　板龙的牙齿和上下颌的结构都不大适合于咀嚼^{jué}。因此，板龙大概是通过吞下各种石头，让它们储存在胃中，像一台碾磨机那样滚动碾磨，把食物碾碎成糊状，然后再进行消化和吸收。

迁徙

　　板龙是三叠纪中最大的恐龙，它们常常在旱季缺乏食物时，集体向海边迁徙。

知识小笔记

　　板龙分类上属于古脚类恐龙，科学家认为它们是蜥脚类恐龙，如雷龙、腕龙、梁龙等恐龙的祖先。

以人名命名的恐龙——埃雷拉拢

埃雷拉龙也是最早的恐龙之一,它生活在距今 2.25 亿年前的三叠纪时期。埃雷拉龙的第一块骨骼化石是阿根廷一位叫埃雷拉的农民无意中发现的。为了纪念他,这种恐龙就被命名为"埃雷拉龙"。

正在捕捉小恐龙的埃雷拉龙

身体形态

埃雷拉龙体长 3 米,高约 1 米,重约 180 千克。它的骨骼细而轻巧,这使它成为敏捷的猎手。埃雷拉龙的耳朵里有听小骨,这说明它很可能具有敏锐的听觉。

凶残的杀手

埃雷拉龙的头骨长而低平,锐利的牙齿呈锯齿状。它的头部从头顶向口鼻部逐渐变细,鼻孔非常小。埃雷拉龙的下颌骨处有个具有弹性的关节,在它张口时,颌部由前半部分扩及后半部分,因而能牢牢地咬住挣扎的猎物不松口。一般的小猎物都逃不过它们的袭击。

知 识 小 笔 记

1980 年,人类第一次发现了比较完整的埃雷拉龙的骨骼化石,此时,距离第一块埃雷拉龙化石的发现已经过去了 3 年。

生活习性

埃雷拉龙灵活机敏,奔走迅速。它们一般生活在高地,可能会用类似鸟类的腿大步行走在植物茂密的河岸边,伏击或寻找食物。它们的后肢很长,能够直立,上肢有爪,可以紧抓猎物,因此能够比竞争对手跑得更快,也更具威胁性。

早期兽脚类恐龙——里奥阿拉巴龙

在 始盗龙和黑瑞龙发现以前，里奥阿拉巴龙一直扮演着最早的兽脚类恐龙的角色。在美国新墨西哥州北部，科学家曾经在三叠纪晚期的地层里发现了保存完整的里奥阿拉巴龙化石，对它的研究表明里奥阿拉巴龙确实可以作为早期兽脚类恐龙的代表。

身体形态

里奥阿拉巴龙体长将近 2.5 米，头骨狭长，侧扁的牙齿深埋在齿槽中，十分尖利，而且带有锯齿。它的身体轻巧，骨头的中间都是空心的，这一点很像鸟类。因此，推测它当时的体重大约为 20 千克。

▲ 腔骨龙非常纤细，可能是种善于奔跑的动物。

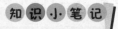
知识小笔记

里奥阿拉巴龙的生活方式可能也代表了兽脚类恐龙的基本适应形式，即习惯于在干燥的高地上生活。

身体结构

里奥阿拉巴龙是标准的两足行走动物，后腿形似鸟腿，十分强壮，看来很宜于行走。它的前肢短，具有适于攀援和掠取食物的灵活的前爪。身体以臀部为支点保持平衡，尾巴又细又长。它的脖子也相当长，前端是结构精巧的头骨。

▲ 当腔骨龙快速奔跑时，它的尾巴成为了舵或平衡物。

南美洲的恐龙——里奥哈龙

里奥哈龙意为"里奥哈蜥蜴"，是以阿根廷拉里奥哈省为名，它们由约瑟·波拿巴所发现。里澳哈龙是一种巨大的古脚类恐龙，生存于三叠纪晚期。它们巨大强壮的前肢说明它很可能是采用四足行走的。

身体形态

里奥哈龙的身体健壮，身长可达 10 米，脖子细而长，所以它的头部可能很小。它们的腿庞大而结实，尾巴很长。里奥哈龙的脊椎骨中空，能减轻自身重量。大部分原蜥脚类恐龙的荐椎只有 3 节，而里奥哈龙的荐椎有 4 节。

知识小笔记

里奥哈龙是里奥哈龙科中唯一生存于南美洲的物种。

素食恐龙

里奥哈龙属于素食恐龙，它的第一个被发现的化石并没有颅骨，颅骨后来才被发现。它的牙齿呈叶状、有锯齿边缘。上颌的前方有 5 颗牙齿，后方有 24 颗牙齿。

里奥哈龙

四足行走

里奥哈龙体型略大于板龙。由于它的体型大，前后肢长度相近，说明它们可能改以四足方式缓慢行走，而且不能以后腿支撑站立。专家认为里奥哈龙可能以群体方式移动，以得到保护。

东亚的古脚类恐龙——禄丰龙

禄 丰龙是生活于东亚的古脚类恐龙的著名代表，因其标本于1938年首次发现于我国云南禄丰县而得名。禄丰龙生活在大约1.6亿年前，是最早在中国大地上出现的恐龙之一。现在人们已经发现有许氏禄丰龙和巨型禄丰龙两种。

身体形态

禄丰龙的体型轻巧，头骨短小，眼眶圆大，前后肢的第一趾特别发达；口中牙齿的形状与树叶相似，前后边缘有微弱的锯齿。身后拖着一条粗壮的大尾巴，站立时，可以用来支撑身体，就好像随身带着凳子一样。

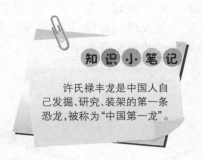

知识小笔记

许氏禄丰龙是中国人自己发掘、研究、装架的第一条恐龙，被称为"中国第一龙"。

行为习性

禄丰龙前肢并不像典型的两足行走的恐龙那样短小，它的前肢有时也可以作为行走工具，因此它可能具备有限的四足行走的能力。禄丰龙生活在湖泊岸边或沼泽地区，主要以植物叶或柔软藻类为生，偶尔也吃昆虫一类的小动物。

→禄丰龙

最古老的恐龙之——南十字龙

南十字龙生活在三叠纪晚期,属于小型的兽脚类恐龙。由于到目前为止,人们仅仅发现了一具其骨架化石,而且还不完整,因此我们对它的了解比较少。

发现恐龙

南十字龙的唯一标本发现于巴西南部南里约格朗德州的圣母玛利亚组地层。因为被发现的时候是 1970 年,而当时在南半球的恐龙发现例子极少,因此恐龙的名字便根据只有南半球才可以看见的星座——南十字星命名。

→南十字龙

身体形态

南十字龙是已知最古老的恐龙之一,身长 2.1 米,尾巴的长度约 80 厘米,体重约 30 千克。它的后肢长而纤细,从生物学和生理学角度来看,这种特征可以让动物的奔跑速度加快,对于捕捉猎物及逃避敌害十分有利。

知识小笔记

南十字星位于半人马座和苍蝇座之间,是 88 个星座中最小的一个。在北回归线以南的地方都可以看到整个南十字星座。

▲啃食喙头龙的南十字龙

肉食恐龙

南十字龙的化石记录极为不完整，只有大部分的脊椎骨、后肢和大型下颌。科学家根据其头部比例大、口腔内颚上有整齐锋利的牙齿判断，南十字龙是一种肉食的恐龙。

古老的恐龙

南十字龙后肢脚趾的数目可能是5根，这与后来出现的肉食恐龙不同，后来出现的肉食恐龙的后肢一般只有三根脚趾。而且南十字龙只有两个脊椎骨连接骨盆与脊柱，这是一个明显的原始排列方式。所以，南十字龙是一种很原始的恐龙。

▲猎食中的南十字龙

兽脚类恐龙

虽然南十字龙的牙齿和姿态显示它是一种肉食类的恐龙，但是有些研究人员认为它属于蜥脚类恐龙，因为它的骨骸类似古脚类。但最新的研究显示南十字龙与近亲始盗龙、埃雷拉龙都属于兽脚类，而且是在蜥脚类与兽脚类分开演化后，才演化出来的。

▲南十字龙的骨架模型

恐龙时代的黎明——始盗龙

始盗龙生活于 2.30 亿～2.25 亿年前，又名小掠龙，其骨骼化石最早发现于阿根廷西北部。始盗龙拥有较强的奔跑能力，人们因此将它和盗贼联系了起来，这也有了它的名字。

身体特征

始盗龙的体型较小，成长后约 1 米长，重量约 10 千克。它的后肢用来支撑身体，前肢只是后肢长度的一半，每只爪子都有五趾。其中最长的三根前趾都有尖爪，十分尖利，用来捕捉猎物。

> **知识·小·笔记**
>
> 始盗龙四肢的骨骼薄且中空，站立时是依靠它脚掌中间的三根脚趾来支撑它全身的重量。

▷ 始盗龙捕食蜻蜓

食性

在始盗龙的上下颌上，后面的牙齿像带槽的牛排刀一样，与其他的肉食恐龙相似；但是前面的牙齿却是树叶状，与其他的素食恐龙相似。这一特征表明，始盗龙很可能既吃植物又吃肉。

始盗龙

捕猎高手

始盗龙还是快速的短跑手，当捕捉猎物后，会用爪及牙齿撕开猎物。始盗龙那尖利的前爪、带锯齿的牙齿以及能够钳制住猎物使其无法挣脱的上下颌，威胁着比它更大的动物的生存。

化石发现地

始盗龙化石首先于 1991 年由芝加哥大学的古生物学家保罗·塞里诺命名，化石在阿根廷伊斯巨拉斯托盆地发现。在三叠纪晚期，这地方是一个河谷，但现在已经变成了沙漠。

古生物学家保罗·塞里诺

阿根廷伊斯巨拉斯托盆地

海中怪兽——鱼龙

三 叠纪中期，一些生活在陆地上的爬行动物进入海洋，演化成了鱼龙。它们最早出现于2.5亿年前，曾广泛活跃于中生代的大多数时期，是一种大型海洋爬行动物。

视力超群

鱼龙长得很奇怪，它的整个头骨看上去像一个三角形。脑袋上嵌着一双又大又圆的眼睛，这对眼睛有着超强的视力，它可以帮助鱼龙在光线暗淡的夜间或深海里追捕猎物。

鱼龙化石

以乌贼为食

根据少量存留在鱼龙化石胃部的物质，科学家们可以推断出鱼龙都吃些什么。早在1853年，人们就发现鱼龙化石里有一些特别的东西，当时以为是鳞片，后来才发现是乌贼的触手。鱼龙主要以乌贼为食，还吃鱼和其他海洋动物。

海因里希·哈尔德画的鱼龙

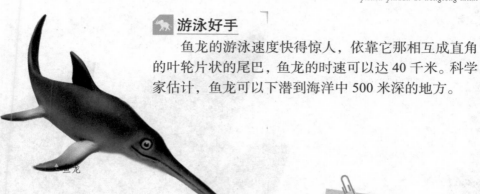

鱼龙

游泳好手

鱼龙的游泳速度快得惊人，依靠它那相互成直角的叶轮片状的尾巴，鱼龙的时速可以达 40 千米。科学家估计，鱼龙可以下潜到海洋中 500 米深的地方。

不会产卵

鱼龙虽然是爬行动物，但它并不像爬行动物那样产卵，相反，鱼龙妈妈把卵留在自己的身体里，等到安全孵化后，才把宝宝生出来。

知 识 小 笔 记

小鱼龙出生时是尾巴先生出来的，因为鱼龙没有鳃，要是头先出来，它就很可能会被淹死。

▼水中的鱼龙

侏罗纪公园

　　侏罗纪是恐龙的公园，是恐龙演化发展史上的黄金盛世。侏罗纪持续了5 000多万年的时间，是一个相对稳定的地质历史时期。此时，地球上良好的自然环境造就了恐龙进化发展的最高峰，蜥脚类恐龙的发展更是迅速。一些恐龙为了支撑庞大的身躯而恢复了四肢行走的状态，它们用坚实的步伐征服了侏罗纪时期的大地。

极地恐龙——冰脊龙

冰 脊龙又名冰棘龙或冻角龙,是一类大型的双足兽脚类恐龙,在其头部有一个奇异的冠状物。冰脊龙于1991年在南极洲的早侏罗纪地层被发现,它是第一头在南极洲发现的肉食恐龙,且是第一头被正式命名的南极洲恐龙。

科学家认为冰脊龙的鼻冠若用在打斗上是很易碎的,所以被认为是作为求偶用的。

身体形态

冰脊龙长 6 ~ 8 米,头非常窄,最奇特的是它的鼻冠,位于眼睛的上部,并且垂直于头颅骨及向外散开,鼻冠的外观很像一把梳子。科学家认为这个冠若用在打斗上是很易碎的,所以被认为是作为求偶用的。

发现化石

1991年,科学家在南极比尔德莫尔冰川处发现冰脊龙的化石,当时,挖掘团队共挖出 2 ~ 3 吨重的带有化石的岩块。遗骸包括部分压碎的头颅骨、一个颚骨、30节脊骨、坐骨、耻骨、大腿骨等。头颅骨部分被比尔德莫尔冰川所压碎,但该部分已被重组。

冰脊龙化石的发现者——威廉·哈默

正式命名

　　1994 年，冰脊龙正式被命名及描述，并被发表在《科学》期刊上。冰脊龙的学名是从古希腊文的 "冰" "冻" 和 "蜥蜴" 而来。但这个名字并非指发掘队伍所面对的严峻环境，而是是这种恐龙所生活的较凉气候。

不会遭遇极夜

　　冰脊龙化石的发现地距南极点约 650 千米，而且在它们生存的时期，这个地方距离南极点约 1000 千米或更加偏北的地区，所以，当时的冰脊龙并不会遇上极夜。

生活环境

　　早侏罗纪时期，南极洲分布有森林，而且生活着各种不同的物种。虽然当时地球上的气候比较温暖，而且当时的南极洲很接近赤道，但它仍然属于温带气候。可见，当时的恐龙可以生活在相对凉爽的环境下，也有可能在下雪时仍可生存。

古脚类恐龙的重要代表——大椎龙

大椎龙是最早在陆地上出现的以植物为食的恐龙之一。它生存于早侏罗纪，距今约2亿年。1854年，古生物学家理查德·欧文根据来自于南非的化石，将其命名为大椎龙，因此，它们是最早被命名的恐龙之一。

体形特征

大椎龙是一种结构轻巧的中型恐龙，身长4~5米，体重约135千克。它们的头又小又窄，眼睛和鼻子却挺大，所以，它们的视觉和嗅觉肯定很灵敏。它们的牙齿当中，一些有沟槽，另一些却很扁平。

知识小·笔记

大椎龙不仅曾经生活在非洲南部，在美国的亚利桑那也发现了它们的化石。

突出的上颌

大椎龙的上颌很独特，向前突出得超过了下颌，因此，它们的下颌很可能有一副鸟嘴一样的喙覆盖在骨骼的外面。此外，大椎龙上下颌都长着血管孔可以让血管通过。

弯曲的爪

　　大椎龙是早期素食恐龙，外型比同时期的板龙要小巧得多。一般四脚着地，也能仅用后腿站立起来采食。它前肢上的"手"很大，拇指上长着大而弯曲的爪，主要是为了防御。在二、三指的配合下，大拇指还具有抓握功能，可用来捡取树叶。

大椎龙是杂食性恐龙，荤素都吃。

发现胃石

　　人们从大椎龙的化石中发现，它除了吃树的枝叶外，还时常吞食些鹅卵石，很可能它的牙齿不足以嚼碎食物，只能把这些石头放在胃里充当碾磨器。这种办法传递给了后来的一些大型食草恐龙，甚至今天的鸟类。

一只迅猛鳄和两只大椎龙

外形奇特的恐龙——剑龙

剑龙的背上都有象征它们"家族"特征的剑板,因此被命名为剑龙。它们诞生于侏罗纪的早期,是从原始的鸟脚类恐龙中分化出来的,侏罗纪中期达到了最繁盛的时期,直到白垩纪早期,它们才逐渐衰退、灭绝。剑龙也成了恐龙家族中最早消亡的一支。

剑龙是最知名的恐龙之一,因其特殊的骨板与尾刺闻名。

奇特的外形

剑龙通常体长 3 ~ 12 米,在它沿着高高拱起呈弓状的脊背上,依次排列有两行大小不等的三角形或者多角形骨质棘板,尾巴的尾梢上有两对修长的骨刺,这是十分凶狠的武器。剑龙的头很小,脑子只有核桃大小。

关于骨板

对于剑龙的骨板,最初,科学家们估计是像护盖一样平铺在恐龙身上。后来,经过仔细考察,最终确定骨板是竖立的。关于骨板的作用,有人认为它可以保护身体;有人认为是一种"拟态",用于迷惑敌人。近年来,有人又提出了新看法,认为剑龙的骨板具有调节体温的作用。

知识小笔记

1981年,在中国四川省自贡市大山铺发现的一种名叫"太白华阳龙"的剑龙,除几具骨架外,还包括两个完好的头骨。它的身长约4米,臀部高1.4米,是一只中等大小的剑龙。

剑龙就像暴龙、三角龙以及迷惑龙一样，经常出现在书籍、漫画或是电视、电影当中。

生活习性

别看剑龙的外表凶悍，其实它是一种素食恐龙。剑龙依靠四足行走，喜欢在水边生活，它常常出没于河湖附近的丛林中，这里不仅有充足的水源，而且有充足的植物给它们提供每日所需的食物。

发现剑龙

最早发现剑龙的地方是美国，1886 年，在美国科罗拉多州发现了典型的剑龙。它是一具有相当完美的骨架化石。但是，这只剑龙并不是最早出现在地球上的剑龙家族的成员。

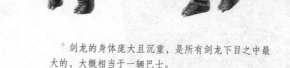

剑龙的身体庞大且沉重，是所有剑龙下目之中最大的，大概相当于一辆巴士。

鼻子上长角的恐龙——角鼻龙

角鼻龙是晚侏罗纪的大型肉食恐龙，它的鼻子上方生有一只短角、两眼前方也有类似短角的突起，因此得名角鼻龙。除此之外，它与其他的肉食恐龙几乎没有根本区别。

→角鼻龙长时间位于恐龙金字塔的顶端。而如今，新的科学发现指出：它的统治地位也是通过两次与入侵者的斗争才获取的。

身体特征

角鼻龙与异特龙、蛮龙、迷惑龙、梁龙及剑龙生存在相同的时代与地区。角鼻龙的体型比异特龙小，身长 6 ~ 8 米，2.5 米高，体重 500 ~ 1 000 千克。

知 识 小 笔 记

角鼻龙的化石最早是在美国犹他州中部的克利夫兰劳埃德采石场和科罗拉多州的干梅萨采石场发掘出来的，后来在坦桑尼亚和葡萄牙也有发现。

身体结构

角鼻龙是一种典型的兽脚类恐龙，具有大型头部、短前肢、粗壮的腰部和后肢、强健的上下颌以及长尾巴，它的嘴里布满尖利而弯曲的牙齿。

鼻角的功能

角鼻龙的鼻角是由鼻骨隆起形成的。最初，科学家认为这个鼻角是一种攻击、防御的武器。后来，科学家又认为这个鼻角可能会在物种内的打斗行为中派上用场，而不会产生致命性的后果，例如求偶、争夺领导地位等。

生活习性

角鼻龙用强壮的后腿走路，它的尾巴左右较扁，形状像鳄鱼。2004年的一项研究指出，角鼻龙一般是狩猎水中猎物，如鱼类、鳄鱼，不过它也可能猎食大型的恐龙。但是，在陆地的大型恐龙骨骼上常发现角鼻龙的牙齿痕迹，所以说，它很有可能也以尸体为食。

北美洲最早发现的恐龙——近蜥龙

近 蜥龙是一种极为敏捷的小型原蜥脚类恐龙，它大约生活在 2 亿年前侏罗纪早期的美国、中国和南非。近蜥龙化石的发现，比起人类对恐龙的认识更早，这甚至可能是北美洲最早发现的恐龙。

身体特征

近蜥龙是一种小型恐龙，身长约 2 米，体重约 27 千克。它的脑袋近似于三角形，脖子和尾巴都比较长，前肢掌上的大拇指带有大爪子，这很可能是用来挖掘植物地下根茎的，而其后肢则比前肢长得多。

知 识 小 笔 记

1973 年，科学家在贵州挖掘到一具中国近蜥龙的不完整骨架，体长约 1.7 米，并且具有几乎完整的头骨化石。

近蜥龙命名人奥塞内尔·查利斯·马什

近蜥龙

四肢行走

近蜥龙前端沉重的身体使得它在行走时必须往前倾。从它的颈部、身躯以及发育良好的前肢可以看出，它通常都是以四肢行走，短而强健的前肢会支撑着胸部、颈部和头部。吃东西时，它也会把身体直立起来。

陆地上的"鲸"——鲸龙

鲸龙是人类发现最早的恐龙之一，由于当时被发现时，它的骨架脊椎上有海绵状缔结组织，与今天的鲸类相似，所以被命名为鲸龙，而且它一度被认为是一种巨大的水生爬行动物。直到后来人们发现了比较完整的骨架以后，才确定了它蜥脚类恐龙的身份。

身体特征

鲸龙是长颈的四足恐龙，体长约 18 米，重约 25 吨。它的前后肢长短等长，背部基本保持水平状态。古生物学家目前还没有发现完整的鲸龙头骨化石。根据其牙齿化石推测，鲸龙的头部较小。

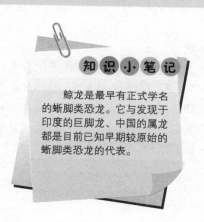

知 识 小 笔 记

鲸龙是最早有正式学名的蜥脚类恐龙。它与发现于印度的巨脚龙、中国的属龙都是目前已知早期较原始的蜥脚类恐龙的代表。

实心的脊骨

鲸龙的脊骨几乎是实心的，与后期的腕龙等蜥脚类恐龙相比显得结实厚重，这也是原始恐龙的特征。随着蜥脚类恐龙的演化，它们的脊椎骨开始有了空腔，从而可以减轻它们的重量。

身体最长的恐龙——梁龙

梁龙是有史以来已知的陆地上最长的动物之一，也是恐龙世界中的体长冠军，由于它大量的骨骼化石被发现，所以梁龙已经为人们所熟悉，并成为非常著名的恐龙。梁龙属于蜥脚类恐龙，生活于晚侏罗纪时期的北美洲西部。

外貌

梁龙的体型巨大，在发现的化石中，它的脖子长 7.8 米，尾巴长 13.5 米，身体全长 27 米，但脑袋却纤细小巧，鼻孔长在头顶上。它的前腿比后腿短，每只脚上有 5 个脚趾，其中的一个脚趾长着爪子。

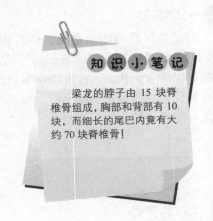

知识·小·笔记

梁龙的脖子由 15 块脊椎骨组成，胸部和背部有 10 块，而细长的尾巴内竟有大约 70 块脊椎骨！

特殊的身体结构

梁龙的骨头非常特殊，不但骨头里边是空心的，而且还很轻。因此，它的体重并没有我们想象得那么重。在梁龙的脚下可能生有脚掌垫，有了它，梁龙在行走时就不会因为支持庞大的身体而使肌肉感到太吃力。

梁龙的食物

梁龙是素食动物，吃东西时，它不咀嚼，而是将树叶等食物直接吞下去。因为梁龙的牙齿只长在嘴的前部，而且很细小，所以它就只能吃些柔嫩多汁的植物。

▶ 梁龙是最容易辨识的恐龙之一。

化石发现地

梁龙的化石在美国西部的科罗拉多州、犹他州、蒙大拿州和怀俄明州陆续被发现，并且化石非常丰富。虽然化石中已发现比较完整的骨骼，却很少发现头骨。

自卫行为

梁龙能用它强有力的尾巴来鞭打敌人，迫使进攻者后退；或者用后腿站立，用尾巴支持部分体重，以便用巨大的前肢来自卫。

梁龙用它强有力的尾巴来鞭打霸王龙的进攻

小巧的恐龙——美颌龙

美颌龙是恐龙家族中小巧玲珑的种类，它的躯干部分只有一只母鸡那么大，无疑是恐龙家族中个体最小的成员之一，属于肉食性的兽脚类恐龙。假如有人还认为恐龙都是庞然大物的话，美颌龙肯定是最好的反证。

→美颌龙

珍贵的标本

已知的美颌龙标本是两个接近完整的骨骼，其中一个于19世纪50年代在德国被发现，标本长约89厘米；另一个则是在法国被发现，长约125厘米。德国标本于1861年被命名为长足美颌龙，现在，这个标本在德国巴伐利亚国家古生物和地质收藏馆中展出。

知 识 小 笔 记

美颌龙科包含了大部分生存于晚侏罗纪至白垩纪在中国、欧洲及南美洲的小型恐龙，如似鸟龙、华夏颌龙和中华龙鸟等。

身体特征

美颌龙的脖子修长而灵活，上面长有一个轻巧的头骨，头骨中有许多空洞，就连它的68枚牙齿都非常的小巧玲珑。美颌龙的前肢有三指，但只有两个可以弯曲。它的尾巴细长，长度超过身体的1/2。

锋利的牙齿

美颌龙的下颌修长，牙齿小而锋利，适合吃小型的脊椎动物及其他动物，在两个标本的肚中都有小型的蜥蜴。除了在前上颌骨的最前牙齿外，其他的牙齿都有着锯齿。科学家们就是用这个特征来辨别美颌龙及它的近亲。

生活环境

在侏罗纪晚期，欧洲位于古地中海的边缘，是一片处于热带地区的群岛。美颌龙当时就栖息在海岸边，与它同时代的还有始祖鸟、喙嘴龙和翼手龙等。

敏捷的掠食者

美颌龙是一种快速像鸟样的掠食者，具有敏锐的目光，捕猎能力很强，靠着强健的后腿，它可以快速奔跑，而且能够突然加速去捕捉奔跑的小动物，穷追不舍。

长脖子恐龙——马门溪龙

马门溪龙是目前我国发现的最大的蜥脚类恐龙，它最早的标本于1957年发现于四川省宜宾市马门溪渡口，并因此而得名。马门溪龙生活在距今1.5亿~1.4亿年前的侏罗纪晚期，当时，它广泛分布在东亚地区。

脖子最长的动物

马门溪龙是曾经生活在地球上的脖子最长的动物，最大个体的体长可达30多米，而脖子则占体长的一半。它的脖子由长长的、相互叠压在一起的颈椎支撑着，因而十分僵硬，转动起来十分缓慢。但脖子上的肌肉却相当强壮，支撑着自己的小脑袋。

知识小笔记

2006年8月，科学家在新疆奇台县发掘到一具马门溪龙化石，测量其体长达35米，仅脖子就长15米，是名副其实的"亚洲第一龙"。

身体结构

马门溪龙的颈椎骨多达19个，是蜥脚类恐龙中最多的，并且每一块颈椎骨都很长，颈椎骨中还有许多空洞。

➤马门溪龙

欧洲著名的肉食恐龙——美扭椎龙

美扭椎龙又名优椎龙,意为"优美的弯曲脊椎骨",指的是化石最初发现时的脊椎排列方式。美扭椎龙属于兽脚类恐龙,生存于大约 1.5 亿年前的中侏罗纪的英格兰南部,它一直是欧洲最著名的大型肉食恐龙。

身体结构

美扭椎龙的身体结构和斑龙类似,头很长,长长的上下颌中满是锯齿状的牙齿。它的前肢长有 3 指,后肢长而粗壮。不仅能支撑起身体的重量,还能够敏捷地追赶猎物。

→ 美扭椎龙

美扭椎龙的脚

与大多数兽脚类恐龙一样,美扭椎龙的脚也是由 3 根趾头构成的,而且整体构造和现代的鸟类的脚类似。它的 3 根趾骨长度几乎相当,中间的那根从上往下逐渐变细。这反映了在兽脚类恐龙的演化过程中,趾骨在不断地发生变化。

知 识 小 笔 记

与大多数兽脚类恐龙一样,美扭椎龙的脚也是由 3 根趾头构成的,而且整体构造和现代的鸟类的脚类似。

体型巨大的恐龙——迷惑龙

迷 惑龙的得名是由于古生物学家当时发现了一个非常大的恐龙胫骨，令研究者十分迷惑，而于 1877 年命名为迷惑龙。迷惑龙生活于 1.5 亿年前的侏罗纪，是陆地上生存过的最大型的生物之一。

名字的更迭

迷惑龙曾经广为人知的名字是雷龙，不过，在雷龙 1879 年被命名前，就有同类化石被发现的记录，并且取了迷惑龙这个名字。依据古生物学的命名优先权，雷龙这个名称在 1974 年正式被废除，由在 1877 年命名的迷惑龙所取代。

"雷龙"的由来

迷惑龙属于蜥脚类恐龙，因其体型巨大，科学家推测它行走时，脚步沉重，声音巨大，每踏下一步，会发出"轰"的一声巨响，就好像打雷一样，所以古生物学家曾经给它取了"雷龙"这个形象的名字。

知 识 小 · 笔 记

1989 年，美国邮政管理局发行了一套恐龙邮票，包含：暴龙、剑龙、无齿翼龙以及雷龙。美国邮政管理局宣称，虽然科学界使用迷惑龙这个名称，但一般大众对于雷龙这个名称更熟悉。

迷惑龙是陆地上存在的最大动物之一，身长约 26 米，体重介于 24 到 32 吨。

雷龙自发现以后，便"身世"不凡，起初人们把它视作最重的恐龙。

化石的发现

迷惑龙的化石发现于美国的科罗拉多州、奥克拉荷马州、犹他州和怀俄明州。然而，直到1975年，迷惑龙的头颅骨才首次被发现。

迷惑龙的头部

迷惑龙的头骨

迷惑龙的头骨与梁龙的头骨相似，较为低长，从侧面看呈三角形，吻端很低，只有一个鼻孔，而且位于头的顶端；口中的牙齿较少，呈棒状，看起来就像铅笔头一样。迷惑龙头骨发现的时间足足比其命名晚了一个世纪。

迷惑龙身体庞大，食量也非常大。

恐龙到鸟的过渡——始祖鸟

始祖鸟是最古老的鸟类，它生活于大约 1.5 亿年前的晚侏罗纪，此时，欧洲还是个接近赤道的群岛。由于始祖鸟同时拥有鸟类及兽脚类恐龙的特征，因此科学家认为，鸟类是由爬行动物进化而来的。

始祖鸟化石的发现

1861 年，在德国巴伐利亚省索伦霍芬侏罗纪晚期形成的石灰岩地层里发现了一具年代最为古老的鸟类化石，不仅骨骼得以保存，而且还有羽毛的痕迹，它被命名为始祖鸟。目前，世界上的 10 例始祖鸟化石都是在德国的巴伐利亚发现的。

珍贵的始祖鸟化石

始祖鸟虽然仅仅发现在化石里，但它为鸟类起源于恐龙之说提供了证据。

身体特征

始祖鸟的身体可以长到 0.5 米长，翅膀比较宽，末端呈圆形，尾巴很长。除了这些与鸟类相似的特征外，始祖鸟还有很多兽脚类恐龙的特征，比如它的颚骨上有锋利的牙齿，脚上三趾都有弯爪，还有骨质的长尾巴。

由于始祖鸟有着鸟类及恐龙的特征，始祖鸟一般被认为是它们之间的连结

起源于恐龙

也正是因为始祖鸟骨骼结构与小型肉食兽脚类恐龙十分相似，早就有人认为鸟类起源于恐龙，并且推测鸟类的高代谢能力是从恐龙祖先那里继承来的。更有人推测羽毛在开始时不一定与飞行有关，它在原始的兽脚类恐龙中可能已经普遍存在。

重要证据

始祖鸟的首个遗骸是在达尔文发表《物种起源》之后的两年被发现的。始祖鸟的发现似乎确认了达尔文的理论，并从此成为恐龙与鸟类之间的关系、过渡性化石及演化的重要证据。

知·识·小·笔·记

鸟类是现存陆生脊椎动物中种类最多的一个类群，有 8 600 ~ 8 800 种，分布在世界各地。

珍贵的化石

由于鸟类的骨骼比较纤细，所以要保存为化石很困难。幸运的话，只能在岩石中留下羽毛的印痕。鸟类的完整化石能够保存下来，可以称为奇迹，保存下来的每件远古鸟类化石都价值连城。

长着双冠的恐龙——双脊龙

双脊龙又名双棘龙、双盔龙，它是一种兽脚类恐龙，生活于早侏罗纪。双脊龙的名字来源于古希腊文的"双冠"，因为它的头上有着两个冠状物。独特的外形使双脊龙成为了电影《侏罗纪公园》中的明星。

身体特征

　　双脊龙身长约6米，站立时头部高约2.4米，体重为半吨，头顶上长着两片大大的骨冠。双脊龙的前肢短小，善于奔跑。与后来的大型肉食恐龙相比，双脊龙的身体显得比较"苗条"，所以它行动敏捷。

双脊龙前肢短小，后肢发达，适合奔跑。

分类

　　现在，双脊龙分为3个种类，分别是月面谷双脊龙、奇特双脊龙和中国双脊龙。其中，中国双脊龙于1978年在云南省被发现，当时它和原蜥脚类的云南龙被双双埋在一起。但现在并不能确定它属于双脊龙的一种，因为从它的颧骨、颚骨来看，它似乎更接近南极洲的冰脊龙。

双脊龙多次出现在大众文化之中，最著名的是在电影《侏罗纪公园》中被描述为会喷毒液的恐龙。

独特的双冠

双脊龙头上圆而薄的头冠最初被认为是雄性之间争斗的工具，但后来发现这个头冠比较脆弱，不太可能用于打斗。所以，有的古生物学家认为，双脊龙的头冠是用来吸引异性的工具。

食性

双脊龙的鼻嘴前端特别狭窄，柔软而灵活，可以从矮树丛中或石头缝里将那些细小的蜥蜴或其他小动物衔出来吃掉。它的口中长满利齿，也能捕杀一些大个子的素食恐龙。但是，也有些科学家怀疑它的牙齿功能，说它只是一种食腐肉的恐龙。

侏罗纪早期大型肉食恐龙无处不在，即使作为大型肉食恐龙的双脊龙也怕其它成群的大型肉食恐龙来攻击。

化石的发现

双脊龙的第一具化石于1943年夏天被发现，当时被认为是斑龙的一个种，叫做魏氏斑龙。1970年，在这具化石的发现地又发现了一具新的化石。这具新化石具有明显的两个冠饰，它才被确认为一个独立的种类，被命名为双脊龙。

恐龙家族的巨人——腕龙

腕龙生活在侏罗纪至白垩纪晚期，是曾经生活在陆地上最大的动物之一，也是最著名的恐龙之一，因此它常常出现在电影和电视节目中。腕龙的化石于 1900 年首次在美国科罗拉多州西部的大峡谷中被发现。

庞大的身躯

1907 年，在非洲的坦桑尼亚发现一具腕龙的骨骼化石，科学家估计这只腕龙体长 25 米，体重达到 80 吨，是已知恐龙中体重最大的。它伸长脖子站立时，头和地面的距离达到 13 米之高。

知识·小·笔记

一些科学家认为，腕龙或许有好几个心脏来将血液输遍它庞大的身躯。

身体结构

腕龙是属于蜥脚类的素食恐龙，身体结构像长颈鹿，前腿比后腿长，这样能帮助它支撑长脖子的重量。它的脑袋很小，头颅骨有着很多小孔，可能也是帮助减轻重量。腕龙的鼻梁向上高高拱起，形成一个鸡冠一样的鼻子。

↑ 腕龙可能每天都成群结队地旅行，在一望无际的大草原上游荡，寻找新鲜树木。

巨大的食量

腕龙需要吃大量的食物，来补充其庞大身体生长和四处活动所需的能量。一只大象一天能吃大约 150 千克的食物，而腕龙大约每天能吃 1 500 千克的食物！

生活环境

腕龙是侏罗纪时代最巨大的恐龙之一。它生活于充满蕨类、苏铁类的草原，并穿越有大量松树和银杏的树林。与腕龙生存于同时代相同区域的恐龙有剑龙、橡树龙、迷惑龙和梁龙。

生理特点

若腕龙是温血动物，科学家估计它需要 10 年的时间长成成年个体，但若它是冷血动物，它就需要超过 100 年的时间。

↑ 腕龙和人大小的比较

首先发现于我国的恐龙——永川龙

永川龙是生活于侏罗纪晚期的大型肉食恐龙,因其标本首先发现于现在的重庆市永川区而得名。除20世纪70年代在永川发现的较为完整的化石个体外,1985年,在被誉为"恐龙之乡"的自贡市发现了更为完整的骨架。

身体结构

永川龙的头略呈三角形,嘴里长满了一排排锋利的牙齿,就像一把把匕首。它的尾巴很长,站立时可以用来支撑身体,奔跑时可以作为平衡器。它的前肢很灵活,指上长着又弯又尖的利爪,后肢又长又粗壮,也生有三趾。

知识小笔记

1977年,一个几乎完整的永川龙骨架在现在重庆市永川区进行水坝施工时被挖出。

自贡的永川龙

发现于自贡的这只永川龙体长9米,身高5米,大脑袋上长着大大的眼睛,这说明它的视力很好。它的脖子较短,躯体也不长,后肢强壮、尾巴长。

分类

永川龙保存有较完整的化石，目前已命名了上游永川龙、巨型永川龙两个种。上游永川龙的正型标本是一个几乎完整的头骨和大部分头后骨骼，长 7 米，头骨长 82 厘米、高 50 厘米。巨型永川龙的正型标本是一个不完整的骨架，长度超过 9 米，但其头骨几乎完整，非常厚重。

行为习性

永川龙虽然身体庞大，但是却奔跑迅速，它常常出没于丛林、湖滨。追捕猎物时，它会用前肢扑倒对方，然后用后肢踩住猎物，用匕首般的牙齿撕裂猎物。永川龙喜欢独来独往，用敏锐的眼光搜索可以作为猎物的素食恐龙。

永川龙的骨架化石是目前世界上保存最完好的肉食恐龙化石之一

化石展出

上游永川龙的最初标本目前保存在重庆市博物馆，与一些巨型永川龙同时展出。此外，在四川宣汉县发现的永川龙化石，则在北京自然历史博物馆中展出。

永川龙和恐鹤

猎食动物中的王者——异特龙

异特龙也叫做跃龙,是一种大型的肉食恐龙,它生存于1.55亿~1.46亿年前。在霸王龙出现前的数千万年间,异特龙一直是肉食恐龙中的王者。因此,有部分科学家认为异特龙才是地球有史以来最强大的猎食动物。

身体特征

异特龙体长 10 ~ 12 米,有一个长 1 米的巨大头颅,结实的上下颌骨上长有带锯齿的牙齿,可以轻松撕碎猎物坚实的皮肤。它拥有粗壮的颈部、长尾巴以及缩短的前肢。

在兽脚亚目之中,异特龙的头颅骨、牙齿与身体的比例适中。

知 识 小 笔 记

异特龙的化石至今发现40多个,主要来自北美洲,另外在葡萄牙、坦桑尼亚也有部分发现。

头颅骨的特点

在兽脚类恐龙中,异特龙的头颅骨、牙齿与身体的比例适中。它的牙齿数量与骨头大小并不成正比,越往嘴部深处,牙齿就越短、越狭窄、越弯曲。这些牙齿很容易脱落,所以它们会不断地生长、替代,并成为常发现的化石。

▼ 异特龙是该时期北美洲莫里逊组最常见的大型掠食者，并位在食物链的顶层。

🦖 角冠

异特龙的眼睛上方拥有一对角冠，由延伸的泪骨所构成。角冠的形状与大小随个体而不同。这些角冠可能覆盖着角质，并具有不同的功能，例如替眼睛遮蔽阳光、作为打斗武器等。

🦖 生活习性

异特龙的日常食物既有腐肉，也有捕猎活物两种形式。在它三指的前肢上长有15厘米长的利爪。根据异特龙脚印化石显示，它每一步的间距都超过2米，这说明它的奔跑速度很快，能够迅速抓到猎物。

▼ 由于异特龙是最早被发现的兽脚亚目恐龙之一，所以长期以来吸引了一般大众的注意，并出现在数个电影与电视节目中。

北美洲著名的恐龙——圆顶龙

圆顶龙名字的拉丁文意思为"圆顶状的爬行动物",它们属于素食恐龙,生活在侏罗纪晚期,距今 1.55 亿～ 1.45 亿年。圆顶龙是北美洲最著名的恐龙之一,和蜥脚类家族中其他身材高大的亲戚相比,它们长得相对矮小。

身体特征

圆顶龙的体长可达 20 米,体重约 20 吨,脑袋小且呈显著的方形,鼻孔长在眼眶的前上方,鼻腔巨大,因而嗅觉灵敏。与其他长脖子的恐龙相比,它的脖子短得多,尾巴也较短,所以体格显得更加粗壮、结实。

◀ 圆顶龙的头颅骨短而高,显著地呈方形,而钝的鼻端有大型洞孔。

四足站立

圆顶龙的腿像树干那样粗壮,可以稳稳地支撑起它全身的重量。它每只脚都有五趾,中趾长着锋利的爪子用于自卫。就像大部分的蜥脚类恐龙一样,圆顶龙的前肢比后肢稍短,但它的每一节脊骨都没有向上的神经棘,因此,圆顶龙并不能以后肢站立。

圆顶龙的牙齿长19厘米，形状像凿子，整齐的分布在颌部上。牙齿的强度显示圆顶龙可能比拥有细长牙齿的梁龙科吞食较为粗糙的植物。

食性

　　圆顶龙是素食恐龙，它牙齿的形状像凿子，用来啃断大量的树枝、树叶。由于其脖子比其他蜥脚类恐龙短得多，因此它们可能只吃低矮处的枝叶。圆顶龙还会吞下石块来帮助消化。在经常发现圆顶龙化石的地方，就会发现大量独立的圆滑小石子。

行为习性

　　圆顶龙生活在北美洲开阔的平原上，属于群体性生活的动物。圆顶龙的蛋被发现时并非整齐地排列在巢穴之中，可见圆顶龙并不照顾它们的孩子。

知识小笔记

　　圆顶龙最先的发现纪录是 1877 年，在美国科罗拉多州发现了一些零碎脊骨。直到 1925 年，首个完整的圆顶龙骨骼才被发现。

圆顶龙是群居动物，它们不做窝，而是一边走路一边生小恐龙，生出的恐龙蛋形成一条线。

最宽的恐龙——甲龙

甲龙身上披着一层又厚又硬的盔甲，就像坦克身上的装甲一样，可以保护它们的身体免受意外伤害。另外，当遇到敌人时，这层甲衣可就派上了大用场。

体型特征

甲龙的意思是"坚固的蜥蜴"，它们生活在白垩纪晚期，是一种素食性的恐龙。甲龙的背部长有厚重的被板，尾巴粗的就像棍棒一样。作为甲龙科内最大的成员，它们的体长在 9 米左右，而体重约为 7 吨。

知识小笔记

甲龙的化石是在北美洲的西部地层中被人们发现的，虽然发现的时候，它们的骨骼已经并不完整。通常，甲龙被认为是装甲恐龙的原型。

↑甲龙最明显的特征就是它的装甲

形如坦克

甲龙的头顶，长有一对角。而它们的四只腿，则都很粗短，就连脖子也是短的。此外，它们的脑袋看上去也是宽宽的。由于甲龙的后肢比前肢长，因此，它们只能用四肢在地上缓慢地爬行。远远望去，它们就像是战争中的坦克车，所以人们又把它们叫做坦克龙。

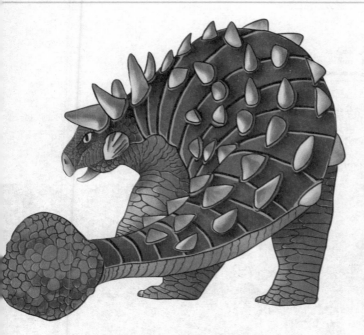

尾巴棒槌

甲龙的尾巴是由几块甲板组成的，这些甲板又和最末的几节脊骨结合在了一起。而连接这些脊骨的厚腱，也被很好的保存了下来。由于这些腱的部分是骨质的，因而可以将力量传到尾巴上。甲龙的尾巴棒槌可是它们的自卫武器，可以对袭击者的骨头予以重击。

甲龙著名的尾巴棒槌非常重，它以最末 7 节尾椎支撑，彼此愈合形成一支坚硬的棒子。

甲龙代表

林龙是甲龙的一种，其体长约为 6 米。它们的颈部和身体两侧，都覆盖着一些骨质甲片。林龙的皮肤非常厚，就像今天的皮革一样，而且极有韧性。它们臀部的大部分地方，都竖立着尖如匕首的棘刺，而身体两侧也各有一排尖刺，这样一来，它们就可以保护自己了。

甲龙覆盖着骨质甲片的身体令食肉恐龙无从下口。

空中霸主——翼龙

翼龙是最早飞上天空的脊椎动物,当恐龙在陆地上称王称霸时,天空就成了翼龙专属的领地。尽管与恐龙并非同类,但翼龙与恐龙的命运却有着惊人的相似之处。

▲ 翼龙类是第一种能够动力
飞行的脊椎动物。

翼龙的分类

翼龙分为两大类:一类是分布于三叠纪晚期到侏罗纪晚期的原始喙嘴龙类;另一类是兴起于侏罗纪晚期,一直存活到白垩纪晚期的翼手龙类。喙嘴龙类的颈部比较短,尾巴长,掌骨短;翼手龙类的颈部短,尾巴也短。

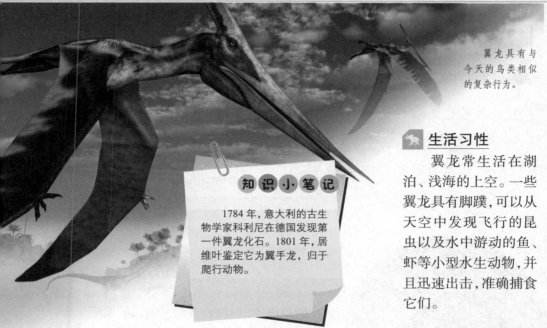

翼龙具有与今天的鸟类相似的复杂行为。

生活习性

翼龙常生活在湖泊、浅海的上空。一些翼龙具有脚蹼，可以从天空中发现飞行的昆虫以及水中游动的鱼、虾等小型水生动物，并且迅速出击，准确捕食它们。

知识小笔记

1784年，意大利的古生物学家科利尼在德国发现第一件翼龙化石。1801年，居维叶鉴定它为翼手龙，归于爬行动物。

飞行能手

早期，曾有人认为翼龙或许不擅长飞翔，它们更多的只是滑翔而已。然而，最新的研究表明，因其大脑中处理平衡信息的神经组织相当发达，翼龙不仅能像鸟类一样飞翔，而且很可能是飞行能手。

正在食用动物尸体上的腐肉的翼龙

"长颈如蛇"——蛇颈龙

蛇颈龙是生活在7000多万~1亿年前的一种巨大的水生爬行动物,它们以一条细长而灵活的脖颈得名蛇颈龙。这柔软的长脖子到底有哪些用处呢?一起来见识一下吧。

蛇颈龙由玛丽·安宁发现,并在维多利亚时代的英国引起相当大的轰动。

奇特的外形

蛇颈龙的外形像一条蛇穿过一个乌龟壳:头小,颈长,躯干像乌龟,尾巴短。头虽然偏小,但口很大,口内长有很多细长的锥形牙齿,四肢有适于划水的肉质鳍脚,使蛇颈龙既能在水中往来自如,又能爬上岸来休息或产卵繁殖后代。

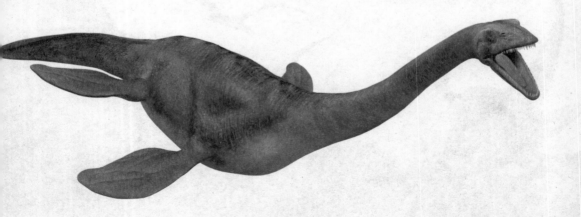

分类

蛇颈龙可根据它们颈部的长短分为长颈型蛇颈龙和短颈型蛇颈龙两类。蛇颈龙的食物主要是鱼类和鹦鹉螺。

短颈型蛇颈龙

短颈型蛇颈龙的脖子短，身体粗壮，有长长的嘴，鳍脚大而有力，适于游泳。在澳大利亚白垩纪地层中发现的一种长头龙身长 15 米，可头竟有 3.7 米长，嘴里上下长满了钉子般的牙齿，呈犬牙交错状，凶猛无比。

长颈型蛇颈龙

长颈型蛇颈龙主要生活在海洋中，脖子很长，活像一条蛇，身体宽扁，鳍脚犹如四支很大的划船桨，使身体进退自如，转动灵活。生活在白垩纪的薄片龙的颈长是躯干的两倍，由 60 多个颈椎组成，很是令人吃惊。

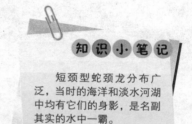

知识小笔记

短颈型蛇颈龙分布广泛，当时的海洋和淡水河湖中均有它们的身影，是名副其实的水中一霸。

探秘白垩纪

　　白垩纪是个伟大的变革时代，它始于距今 1.46 亿年前，结束于距今 6 500 万年前。这一时期，地球上经历了沧海桑田的变化，大陆漂移使大陆彼此间的联系中断，动物不再可能从一块大陆迁移到另一块大陆，这就导致了恐龙在进化上的地区差异。作为中生代最后的一个纪，白垩纪见证了恐龙最后的繁盛和衰亡。

恐龙中的好妈妈——慈母龙

以前人们一直认为恐龙和今天的爬行动物一样，都是一生下蛋就走开，不会像哺乳类和鸟类一样照顾自己的幼崽。但是在1978年，科学家发现有一种恐龙竟会照顾并喂养小恐龙，于是便将之命名为慈母龙。

好妈妈

慈母龙的学名意为"好妈妈蜥蜴"。它是一种大型鸭嘴龙类恐龙，生存于距今7 400万年前的白垩纪晚期。目前已发现超过200个各种年龄段的慈母龙标本，主要分布在美国和加拿大。

慈母龙与刚孵化的幼龙模型

慈母龙属于群居动物，它们的群体非常庞大，最多时可能有上万只慈母龙生活在一起。它们有着奇特的外表，体长约7米，体重约4吨，并拥有典型鸭嘴龙科的平坦喙状嘴以及厚鼻部。慈母龙的眼睛前方有小型、尖状冠饰。冠饰可能用在求偶季节，作为物种内打斗行为使用。

慈母龙巢穴中的蛋和刚孵化出的幼崽

抚养幼崽

慈母龙的父母将腐烂中的植被放入巢穴中，利用腐烂产生的温度来孵化蛋，而并非父母坐在巢穴中孵化。孵化出的幼仔可能在一年后离开巢穴。

巢穴

它们的蛋在巢穴里集中孵化。这些巢穴由土壤堆积而成，中间包含 30～40 颗蛋，以圆形或螺旋状排列。这些蛋与鸵鸟蛋的大小差不多。

慈母龙把小恐龙生在自己的窝里，并且照看自己的孩子。

生活习性

慈母龙是素食恐龙，以树叶、浆果和种子为食。它们平时用四条腿走路，跑步时则用两条腿。除了具有强壮的尾巴和采取集体行动的策略，慈母龙没有任何抵御掠食者的武器。

知识小笔记

慈母龙与惧龙、艾伯塔龙等恐龙生存在一起，是最后存活的恐龙之一。

猎杀机器——霸王龙

凶 狠残暴的霸王龙生活在距今6 500万年前的白垩纪晚期，是恐龙时代末期的霸主。作为地球上有史以来最大的陆生肉食动物，人们还为它取了另一个名字——暴君蜥蜴。

身体特征

霸王龙的体长可达14米，重约10吨，仅头部就长约1.3米，身高可以超过两层楼房。强而有力的颚部上长有锯齿边缘的牙齿，有些牙齿长达16厘米。它的颈部短粗，前肢短小，后肢强健粗壮，尾巴不算太长，可以向后挺直以平衡身体。

退化的前肢

和粗壮的后肢比较起来，霸王龙的前肢非常短。古生物学家认为，这可能由于霸王龙只用口捕猎，前肢很少使用，因而渐渐变短变小，也因此演变成由后肢站立、前肢退化的奇异的身体结构。

霸王龙是地表上出现过的最大型肉食性动物之一。

霸王龙拥有恐龙之中最强大的咬合力,也是咬合力最大的动物之一。

捕猎高手

霸王龙奔跑时的速度可达每小时 29 千米,良好的视力和灵敏的嗅觉使它能更好地捕食猎物。它经常出没于旷野和森林,发现猎物后就会发动猛烈攻击。它的嘴巴是主要的武器,用来撕咬对手。

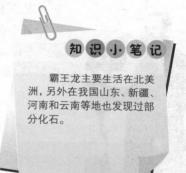

知 识 小 笔 记

霸王龙主要生活在北美洲,另外在我国山东、新疆、河南和云南等地也发现过部分化石。

发现最早的化石

1902 年,美国恐龙化石采集家巴纳姆·布朗,在美国蒙大拿州的黑尔溪发现了一具巨型的肉食动物骨骼。之后的两个夏天,他相继从坚硬的砂岩中挖掘骨架。由于骨头相当沉重,于是他制造了一种用马匹拖拉的专用雪橇,这才把骨头运到附近的公路。而他所发现的这具巨大骨骼就是第一具霸王龙的骨骼。

有背帆的肉食恐龙——棘龙

棘龙生存于距今 9 500 万～9 300 万年前白垩纪，是目前已知最大型的肉食恐龙之一。在棘龙家族中，埃及棘龙和摩洛哥棘龙最为出名。

🐘 发现化石

棘龙的第一个化石是在 1912 年发现于埃及的拜哈里耶绿洲，并由德国古生物学家恩斯特·斯特莫在 1915 年所命名。在拜哈里耶绿洲也发现了其他的化石碎片，包含脊椎与后肢。

▲ 恩斯特·斯特莫

🐘 身体特征

棘龙也叫做棘背龙或者帆棘龙，根据英国科学家的最新研究，棘龙最长 16～18 米，高 2～3 米，体重 7～9 吨，棘龙身上还背着一个帆状的棘，由于其不能收拢和折叠，给棘龙的行动带来了诸多不便。

帆状物的功能

棘龙背上明显的长棘是由非常高大的神经棘所构成，这些神经棘从背部脊椎骨延伸出来，长度可达 2 米，长棘之间可能由皮肤连接，形成一个帆状物。这些帆状物可能充当体温调节器、在求偶季节时吸引异性以及在遭受威胁时充当警告物使用。

生活习性

棘龙的栖息环境涵盖北非大部分地区。目前仍不确定棘龙主要是陆地掠食者，还是鱼食性。棘龙拥有长长的颚部、圆锥状牙齿和提高的鼻孔，这显示它们可能是鱼食性。或许棘龙平常喜欢捕食鱼类，但有时也捕食小型到中型的猎物。

行为

棘龙曾经一直被认为是两足行走的恐龙。20 世纪 80 年代早期过后，它们被认为可能有时用四足行走。这个论点因为发现了重爪龙而得到支持，重爪龙是棘龙的近亲，拥有结实的前臂。不过，科学家现在认为棘龙更可能以两足行走为主。

角最多的恐龙——戟龙

戟龙生活在距今7650万~7500万年前的白垩纪晚期,与其他角龙相比,戟龙的角不仅多而且很独特。在它的颈盾边缘长着一圈剑一样的骨棘,这让戟龙看上去非常威武。

发现化石

戟龙的第一个化石是由查尔斯·斯腾伯格在加拿大艾伯塔省的恐龙公园所发现,并由劳伦斯·赖博在1913年所命名。在1935年,皇家安大略博物馆的工作人员重新来到恐龙公园并发现了遗失的下颚与骨骸的大部分。

知识小·笔记

科学家认为戟龙与其近亲的大型颈盾也有可能有助于增加身体的表面积,以利于调节体温。

戟龙是种大型恐龙,体长5.5米,高约1.8米,重量约3吨。它的四肢和尾巴较短,身体非常笨重。

→戟龙的头颅非常巨大，拥有大型鼻孔和高大的鼻角，颈盾上有4～6个尖角，数量依物种而不同。

生活习性

戟龙是群居动物，当初，它们漫游在北美的大平原，用像鹦鹉那样弯曲的喙嘴切割采食植物的树叶。有些科学家认为它们以棕榈科或苏铁为食，而有些科学家则认为它们以蕨类为食，还有的认为戟龙会用身体撞倒开花植物，并以它们的树叶与树枝为食。

防御和进攻

戟龙的防御和进攻能力都很强，角和颈盾的骨刺都像一把把利剑，是反守为攻的可怕武器，足以使任何凶猛的捕食者胆战心惊。在同肉食恐龙搏斗时，戟龙只要把头从下往上使劲一抬，数把"利剑"就会立刻刺进迎面扑来的侵犯者的皮肉里。

恐龙世界的四不像——慢龙

慢龙生活在距今 9 300 万年前的白垩纪晚期，其化石发现于蒙古南戈壁省和东戈壁省。慢龙是一种非常奇特的两足行走的恐龙，目前被归入蜥脚类恐龙，但它同时具有兽脚类、原蜥脚类和鸟臀类恐龙的共同特征。

身体特征

慢龙体长 6 ~ 7 米，头部小而窄，前肢较短，爪子有 3 指，指端是弯钩状大爪；它的后肢较长，而且大腿比小腿长，足部短宽，不能像其他兽脚类恐龙那样快速奔跑和捕食活的动物，只能轻快地行走或缓慢踱步，并因此得名。

生活习性

慢龙的颌后部生有利齿，但颌前部却是无齿的喙，这与某些素食动物的特征相同。一些科学家据此认为，慢龙以蚁为食，它有力的前肢和长长的爪子可以轻易地挖开蚁巢取食，类似于现今南美的大食蚁兽。

慢龙

知识·小笔记

慢龙类共有 5 个属，其中 4 个属均发现于蒙古国，我国广东发现的南雄龙是在蒙古国外发现的唯一慢龙类代表。

酷似鸟类的恐龙——拟鸟龙和似鸟龙

拟鸟龙生活于距今约 7 000 万年前的白垩纪晚期，它的化石发现于蒙古国，并于 1981 年由古生物学家命名。似鸟龙也生活于白垩纪晚期，其化石则多发现于北美洲，它的形态与大型鸟类，如鸵鸟、鹈鹕相当接近，只是它还保留着长长的尾巴。

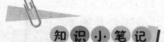

知识小笔记

拟鸟龙的前肢较短，手掌骨像鸟类的一样愈合在一起，尺骨上有隆起物，科学家解释这是羽毛的附着点，因此，科学家普遍认为拟鸟龙具有羽毛，但不能飞行。

拟鸟龙的身体特征

拟鸟龙属于小型恐龙，身长 1.5 米，臀部高约 45 厘米。头骨较小，眼睛较大。拟鸟龙的喙嘴类似鹦鹉，嘴里没有牙齿，但是在前上颌骨的尖端有一排像牙齿的伸出物，使喙具有锯齿的边沿，所以估计它是素食或杂食动物。

拟鸟龙（左）和似鸟龙（右）

似鸟龙的身体特征

似鸟龙身长 3.5 米，高 2.1 米，重 100 ~ 150 千克。它们是两足恐龙，外表类似鸵鸟，头部较小，上下颌没有牙齿，眼睛很大，所以具有良好的视力；细长、顶端有爪的前肢类似树懒的手，可以捕抓食物；强有力的后肢和轻而中空的骨头使它们能高速奔跑；硬挺的尾巴具有平衡的作用。

危险的杀手——恐爪龙

恐爪龙生活在距今 1.2 亿~ 0.9 亿年前的白垩纪早期，它们体型小、奔跑速度快，是一种性情残暴的兽脚类肉食恐龙。对那些素食恐龙来说，遇到恐爪龙很可能就意味着死亡。

身体特征

就恐爪龙最大的标本而言，它体长可达 3.4 米，头颅骨最大可达 41 厘米长，臀部高度为 0.87 米，而体重可达 73 千克。它的头颅骨有强壮的颚骨及约 60 根弯曲剑形的牙齿。它用两脚站立，前臂较短，尾巴较长，可以在高速转向时用来维持平衡。

↓恐爪龙是最著名的驰龙科恐龙之一，且是迅猛龙的近亲。

知识·小·笔记

在我国发现了恐爪龙的近亲中国鸟龙和小盗龙，它们的遗骸被发现时都有像羽毛的结构，所以恐爪龙也可能有羽毛。

恐爪龙有羽毛却不会飞。

爪子

　　恐爪龙的每个前肢上有 3 个带着尖长爪子的指，拇指最短，而第二指最长。每个后肢有 4 个趾，第二趾都有镰刀般的利爪，长度约 13 厘米，这个利爪可以向前刺戳并向下割，来撕破猎物。

不寻常的猎食者

　　恐爪龙非常聪明，它们成群打猎，奔跑起来非常迅速，是最不寻常的掠食者。它们有一套独特的捕杀本领：一只脚着地，另一只脚举起镰刀般的爪子，加上前肢利爪的配合，很容易将猎物开膛破肚，一下子置于死地。

化石发现地

　　恐爪龙的第一具化石于 1931 年在美国蒙大拿州南部被发现。后来，在怀俄明州以及奥克拉荷马州都发现过恐爪龙的化石。此外，马里兰州大西洋沿岸平原地带发现的化石可能属于恐爪龙的牙齿。

即将进行搏斗的恐爪龙和亚伯达角龙。

莫须有的罪名——窃蛋龙

窃蛋龙是发现于蒙古的一种小型兽脚类恐龙，它们生活在距今7 500万年前的白垩纪晚期。窃蛋龙果真是窃蛋的小偷吗？科学家们会告诉你，这可是一大冤案呢。

窃蛋龙喜欢群体生活在一起

名字的由来

1923年，古生物学家在蒙古大戈壁上发掘化石时发现了一个恐龙骨架正趴在一窝原角龙的蛋上（后来证明是窃蛋龙自己的蛋）。当时的科学家认为它正在偷别的恐龙的蛋，于是就给它起了个很不好听的名字，叫窃蛋龙。

为窃蛋龙正名

1990年，中外科学家在我国内蒙古联合考察时，发现了完整的窃蛋龙骨架，它正卧在一窝恐龙蛋上面，很像是在孵蛋。科学家还根据窃蛋龙的喙部结构认为窃蛋龙并不偷窃其他恐龙蛋，反而还有孵蛋的本领，但是，根据命名原则，窃蛋龙的名字是不能改变的。

如果窃蛋龙一旦被体格强壮但速度较慢的恐龙发现了的话，那么它唯一能选择的方法就是飞速逃离。

身体特征

窃蛋龙体型较小，体长 1.8 ~ 2.5 米，在它的鼻骨上方有骨质的突起。可能由于雌雄差异，部分种类的窃蛋龙头骨上还有顶饰。它们的前肢有爪状的三个指头，后肢粗壮有力，嘴呈喙状，形同鸟嘴那样向下弯曲呈弧形。甚至很多幻想图中，窃蛋龙身上还披着羽毛。

知识小·笔记

窃蛋龙是最像鸟类的恐龙之一，尤其是它胸腔的每个肋骨上都有个突起物，可使胸腔更坚牢，这是典型的鸟类特征。

生活习性

古生物学家推测，窃蛋龙除了食用有限的植物果实以外，也会利用喙部十分坚硬的骨质尖角很容易地刺穿软体动物的外壳，可能是素食恐龙。

孵化行为

窃蛋龙喜欢群体生活在一起，而且自己进行孵化抚育活动。成年的窃蛋龙把蛋产在用泥土筑成的圆锥形的巢穴中。巢穴的直径一般为 2 米，每个巢穴相距 7 ~ 9 米远，有时它们会用植物的叶子覆盖在巢穴上，让植物在腐烂过程中产生孵化所需的热量，进行自然孵化。

窃蛋龙的喙强而有力，可以敲碎骨头。

最著名的角龙——三角龙

三角龙是典型的角龙类恐龙，在恐龙史上，它的知名度仅次于霸王龙。三角龙长着怪异的角和长长的颈盾，身体粗壮，这副凶悍的样貌使得霸王龙也不得不对它让三分。

最晚出现的恐龙

三角龙的化石发现于北美洲的白垩纪晚期，距今 6 800 万 ~ 6 500 万年前。三角龙是最晚出现的恐龙之一，经常被作为白垩纪晚期的代表化石。

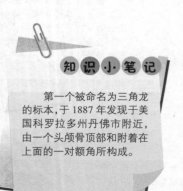

知识·小·笔记

第一个被命名为三角龙的标本，于 1887 年发现于美国科罗拉多州丹佛市附近，由一个头颅骨顶部和附着在上面的一对额角所构成。

身体特征

三角龙的体型是角龙类中比较大的一类，它的外形看起来更像是长着褶边的犀牛，体长 6 ~ 10 米，高 2.9 米，体重大约 12 吨。它额上的两只尖角长约 102 厘米，第三只从鼻后伸出的角较短，但非常厚重。

生活习性

　　这些笨重的素食恐龙过着群居的生活，在北美洲温暖、有微风的森林中四处漫游。其众多的牙齿，显示它们以体积大的有纤维植物为食，其中可能包含棕榈科与苏铁，而有些科学家认为还包含草原上的蕨类。可以确信的是，三角龙激怒后会以每小时 15 千米的速度奔跑。

　　三角龙是最晚出现的恐龙之一，经常被作为白垩纪晚期的代表化石。

角的功能

　　长久以来，关于三角龙三根角以及颈盾的功能处于争论中。传统上，这些结构被认为是用来抵抗掠食者的武器，但最近的理论认为这些结构可能用在求偶以及展示支配地位，如同现代驯鹿、山羊、独角仙的角状物。

长角的猛兽——食肉牛龙

在南美洲的很多地方发掘出的食肉牛龙骨骼化石曾引起人们对这种恐龙的兴趣。而在阿根廷巴塔哥尼亚平原发现的完整骨架，更让人们对食肉牛龙有了进一步的了解。

身体特征

作为占据当时南美生物圈食物链顶端的巨型掠食动物，食肉牛龙体长 7～8 米，其前肢非常短小，甚至比霸王龙的前肢更短，但它的后肢粗壮，趾端长有利爪。

知识小笔记

在麦可·克莱顿的小说《失落的世界》中，食肉牛龙被作者添加了根据所处环境改变外表颜色的能力，类似变色龙或章鱼，但还没有证据显示食肉牛龙具有变色的能力。

两只腕龙和一只食肉牛龙

↑食肉牛龙有三辆小轿车那么长，可是，和身长比起来，它的前肢就小得可怜了。

独特的骨质角

　　食肉牛龙长着一个巨大的头颅，其眼睛上方还长着一对骨质的像牛角一样的东西。科学家目前还不能确定这两个角到底有什么作用，因为它们非常短，根本无法作为攻击的武器。

矫健的尾巴

　　如果没有尾巴，食肉牛龙绝不会以高速运动。运动时，食肉牛龙用它那长长的、矫健的尾巴保持平衡。这条尾巴可以使食肉牛龙的头向前伸，有利于捕获挣扎的猎物。

▽与体型类似的兽脚类恐龙相比，食肉牛龙的头部小而短、宽。

珍贵的化石

　　1985年，在巴塔哥尼亚发现了一具完整的食肉牛龙骨架和它的一些皮肤化石。科学家据此判断，在食肉牛龙身上沿脊椎从头到尾生有成行的锥形隆起，在这些骨质的隆起上覆盖着非常华丽的圆形鳞片。

科学家的猜测

　　食肉牛龙的颚及下颌骨则不如其他巨型肉食恐龙那样强有力，有学者甚至认为这样的下颚不但不能与其他恐龙争夺、打斗，甚至连捕食大型素食恐龙都比较困难。

敏捷的捕食者——迅猛龙

迅 猛龙是生活在白垩纪晚期的兽脚类恐龙。20 世纪 20 年代初，人们在蒙古的戈壁沙漠中发现一具远古动物化石标本，这就是最早发现的迅猛龙化石。

↓迅猛龙是广受大众熟悉的恐龙之一。

身体特征

成年迅猛龙体长 1.5 ~ 2 米，体重推测约 15 千克，其头颅骨长达 25 厘米，口鼻部向上翘起。它的牙齿带有锯齿，这特征证明它们可能经常捕捉行动十分迅速的猎物。迅猛龙的大脑较大，属于非常聪明的恐龙。

著名的利爪

迅猛龙依靠后肢的第三、四趾行走，而第二趾可以向上收起离开地面，上有大型镰刀状的趾爪，这是它们出名的重要原因。这些趾爪的外缘长度可达 65 毫米，是可怕的攻击武器，可能用来撕开猎物。

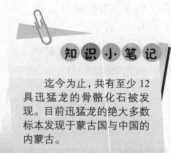

知识小笔记

迄今为止，共有至少 12 具迅猛龙的骨骼化石被发现。目前迅猛龙的绝大多数标本发现于蒙古国与中国的内蒙古。

具有羽毛

根据 2007 年的《科学》杂志，古生物学家在一个迅猛龙化石的前臂上发现了 6 个羽茎瘤。鸟类骨头上的羽茎瘤用来固定羽毛，而迅猛龙骨头上的羽茎瘤则明确显示它们也具有羽毛。

生活习性

雨季来临时，迅猛龙会结成小群，在猎物出没的沙丘、林地边缘埋伏捕猎。旱季，它们往往集结成大群，以便捕杀大猎物。

蒙古的国宝

第二次世界大战后，波兰的探险队在蒙古发现了许多迅猛龙化石标本，其中最著名的是在 1971 年所发现的"搏斗中的恐龙"。该化石保存了一只迅猛龙和一只原角龙搏斗的场景，这个标本被蒙古视为国家级的宝藏。

对于古生物学家而言，伶盗龙是种重要的恐龙，也是驰龙科中数量最多的。

长着鹦鹉嘴的恐龙——鹦鹉嘴龙

鹦鹉嘴龙生活在距今 1.3 亿～ 1.1 亿年的白垩纪早期，主要栖居地在亚洲。现已发掘出的大量鹦鹉嘴龙化石都保留有完整骨骸，这使我们能得以对鹦鹉嘴龙有更多的了解。

身体特征

鹦鹉嘴龙是小型的素食恐龙，体长约 1.8 米，高约 1 米，两足行走，头短宽而高，喙弯曲似鹦鹉嘴，故而得名。它的颧骨向外伸，脖子比较短。

胃石

鹦鹉嘴龙拥有锐利的牙齿，可用来切割、切碎坚硬的植物，但它并没有适合咀嚼或磨碎植物的牙齿，因此鹦鹉嘴龙靠吞食胃石来帮助磨碎消化系统中的食物。古生物学家经常在鹦鹉嘴龙的腹部位置发现胃石，有时超过50颗，这些胃石可能储藏于砂囊中，如同现代鸟类。

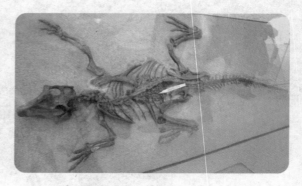

鹦鹉嘴龙化石，白色箭头处为胃石。

分布地点

鹦鹉嘴龙分布的地理空间辽阔，从西伯利亚南区，跨越蒙古到我国北方，但所有的发掘地点都局限在亚洲地区。最早发掘到的鹦鹉嘴龙是在蒙古南部戈壁沙漠。

丰富的种类

目前鹦鹉嘴龙已经确认出最少 10 个种类，如蒙古鹦鹉嘴龙、额多鹦鹉嘴龙、梅勒营鹦鹉嘴龙、马鬃山鹦鹉嘴龙、西伯利亚鹦鹉嘴龙等，其中蒙古鹦鹉嘴龙是最著名，也是体型最大的。

生理特点

蒙古鹦鹉嘴龙的成长速度比大部分爬行动物和有袋类哺乳动物还快，但比现代鸟类与胎盘哺乳动物慢。

脊龙和鹦鹉嘴龙

最丑陋的恐龙——肿头龙

肿头龙的头骨顶部非常厚，像肿起来一般，所以起名肿头龙，它生存于白垩纪末期的山地丘陵和沙漠中，这样的地形不利于化石的形成，所以，这类恐龙的化石发现较少。目前，它的化石主要分布在美国的蒙大拿州、南达科他州和怀俄明州。

身体特征

因为目前只发现了肿头龙的颅骨，所以还不清楚它的生理结构。科学家推测它可能是两足恐龙，体长约 4.5 米，重约 1.5 吨，拥有相当粗短的颈部、短前肢、长后肢以及可能由骨化肌腱支撑的尾巴。

▲ 肿头龙是颅顶最大的恐龙。

知识小笔记

古往今来，还没有任何动物的头骨能和肿头龙相比，即使是 20 米长的马门溪龙的头盖骨厚度也只有 1 厘米。

著名的颅骨

肿头龙因为大型的骨质颅顶而著名，其厚度可达 25 厘米，可安全地保护脑部。颅顶后方有骨质瘤块，而口鼻部有往上的短骨质角。它具有喙状的嘴，眼窝很大，呈圆形，这显示其具有良好的视力。

生活习性

    肿头龙可能喜欢过群体生活。成年雄性个体通过撞头确定群体的领袖。在繁殖季节，它们也可能以这种方式决出胜负，胜者与雌性个体交配。不过肿头龙的厚头部并不能帮助它抵抗掠食者的袭击。肿头龙有敏锐的嗅觉和视觉，当发现敌人时，会快速逃离。

群体生活是许多种恐龙生存下来的重要保证。

肿头龙的食物

    由于肿头龙的牙齿比较锐利，并有锯齿，所以不能嚼烂纤维丰富的坚韧植物。科学家判断，肿头龙的食物包括植物种子、果实和柔软的叶子等，甚至还有昆虫。

两头成年雄性肿头龙通过撞头确定群体的领袖。

吃鱼的恐龙——重爪龙

重 爪龙又名坚爪龙，意为"沉重的爪"，它属于肉食恐龙，生活于距今1.30亿～1.25亿年前的白垩纪早期。在这一时期发现的恐龙化石中，重爪龙是体型最大的一类，其化石在英格兰和西班牙北部都有发现。

身体特征

重爪龙体长约 8.5 米，体重约 1 700 千克。骨骼研究显示最完整的标本并非成年重爪龙，所以重爪龙可能体型更大。重爪龙头部扁长，口中长满细齿，前肢强壮，有 3 个强有力的指，特别是拇指粗壮巨大，长有一个超过 30 厘米长的钩爪。

→重爪龙

知 识 小 笔 记

重爪龙的长颌和鳄鱼类似，下颌有 64 颗牙齿，上颌有 32 颗较大的牙齿，共 96 颗，比鳄鱼多出一倍。

吃鱼的恐龙

重爪龙是目前已知唯一吃鱼的恐龙。长而低矮的口鼻部、狭窄颌部、锯齿状牙齿以及像钩子般的爪，是它们捕鱼的利器。

非洲最大的肉食恐龙——鲨迟龙

鲨齿龙又名望齿龙，生活于9 800万～9 300万年前的白垩纪，它是目前在非洲发现的最大的肉食恐龙。鲨齿龙的拉丁文意思是"像吃人鲨般的恐龙"，它的这个名字出现于1931年，但直到20世纪90年代的发现才使科学家了解到这种恐龙的真面目。

身体特征

鲨齿龙是至今发现的最大型的肉食恐龙之一。成年鲨齿龙的体长可达14米，其巨大的头骨就有1.6米长，因此，古生物学家曾一度认为鲨齿龙的头骨是兽脚类恐龙中最长的。鲨齿龙的颅腔及内耳结构很像鳄鱼。它的牙齿又薄又利，很像鲨鱼的牙齿。

↑鲨齿龙

知识小·笔记

鲨齿龙的头骨虽然大，但它的大脑只有霸王龙大脑的一半大。科学家根据化石分析认为，鲨齿龙的智力比较接近鳄类，但不如虚骨龙类和鸟类。

巨大的头骨

虽然鲨齿龙的头骨比霸王龙还要长，而且最新发现的鲨齿龙的头骨长达1.75米。但是目前最长的头颅骨属于鲨齿龙的近亲南方巨兽龙，估计可达1.95米。鲨齿龙、霸王龙、南方巨兽龙被称为三种最大的兽脚类恐龙。

角龙的祖先——原角龙

原角龙是一种生存于白垩纪晚期的素食恐龙，其外形虽然和三角龙极为相似，不过它们体型相对较小，而且头上没有角。这种恐龙又有哪些特点和秘密呢？

↳ 迅猛龙与原角龙打斗，一头倾头龙正在好奇地观望这场残酷而激烈的遭遇战。

身体特征

原角龙是种小型恐龙，体长 1.5 ~ 2 米，成年原角龙的体重约 180 千克。它的头颅占身体的比例很大，头上长着褶边一样的装饰，雄性的比雌性的大些。原角龙的嘴和鸟喙很像，前部没有牙，但在嘴里两侧长着牙。它的四肢都比较短小。

生活习性

人们曾发现过一个原角龙的墓地，里面有从成年到幼体的许多骨架化石，说明原角龙是一种以家族为群体生活的动物，喜欢采食植物的枝叶以及多汁的茎根。原角龙用四肢走路，而且走得比较慢，它最大的敌人是迅猛龙。

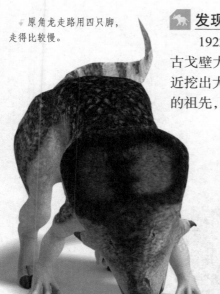

▲ 原角龙走路用四只脚，走得比较慢。

发现和命名

1922 年，一支由美国科学工作者组成的探险队到蒙古戈壁大沙漠调查，结果于 1923 年夏天，在火焰崖附近挖出大量化石，由于学者们认为这批化石应属于角龙的祖先，所以后来便把它们命名为原角龙。

第一批恐龙蛋

在这次探险中除了发现原角龙的化石外，最令人兴奋和讶异的是恐龙蛋的发现。这批恐龙蛋除了让不主张恐龙生蛋的学者感到吃惊外，也让主张恐龙生蛋的学者感到欣慰。

狮鹫神话的来源

有关学者提出，角龙类与原角龙保存良好的化石，被居住于中亚天山山脉、阿尔泰山脉挖掘金矿的游牧民族发现后，成为奇幻动物，如狮鹫的形象来源。狮鹫被描述成有狮子的身体、大型爪和鹰头。它们栖居在山上与沙漠中的砂岩上，守卫地底的黄金。

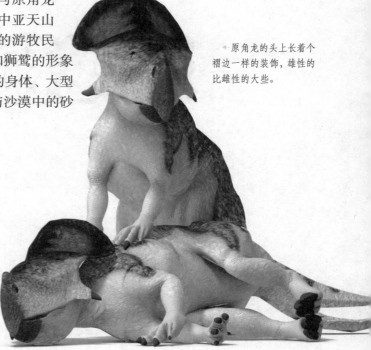

▲ 原角龙的头上长着个褶边一样的装饰，雄性的比雌性的大些。

知识小笔记

原角龙生蛋时往往是几只雌龙共用一个窝，大家轮流一圈一圈地产蛋。

亦真亦幻的

恐龙秘密